U0857238

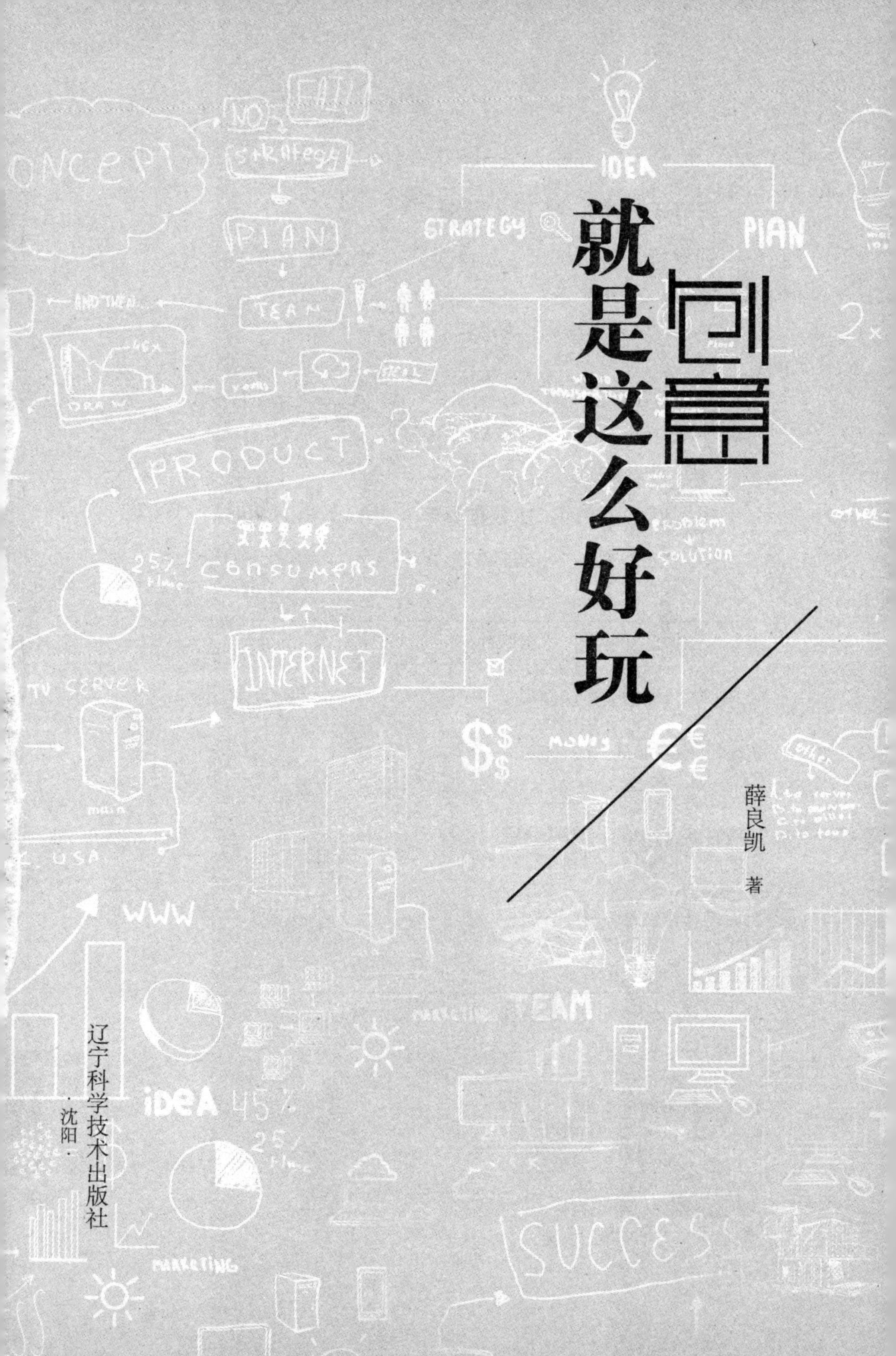

创意就是这么好玩

薛良凯 著

辽宁科学技术出版社
· 沈阳 ·

图书在版编目（CIP）数据

创意就是这么好玩 / 薛良凯著. —沈阳：辽宁科学技术出版社，2014.4

ISBN 978-7-5381-8485-3

Ⅰ. ①创…　Ⅱ. ①薛…　Ⅲ. ①产品设计　Ⅳ. ①TB472

中国版本图书馆CIP数据核字（2014）第030485号

出版发行：辽宁科学技术出版社
（地址：沈阳市和平区十一纬路29号　邮编：110003）
印 刷 者：沈阳天正印刷厂
经 销 者：各地新华书店
幅面尺寸：145mm × 210mm
印　　张：9.75
字　　数：210千字
出版时间：2014 年 4 月第1版
印刷时间：2014 年 4 月第1次印刷
责任编辑：王　实
封面设计：琥珀设计
版式设计：琥珀设计
责任校对：李淑敏

书　　号：ISBN 978-7-5381-8485-3
定　　价：29.80元

联系电话：024-23284370
邮购热线：024-23284502
E-mail：ganluhai@163.com
http://www.lnkj.com.cn
本社法律顾问：陈光律师
咨询电话：13940289230

推荐序1

台湾资深媒体人与营销人

王介安

欲练此功，无须自宫！

创意，到底是个什么玩意儿？

很多人都对创意有不同的解读与答案，要明确创意的定义其实不容易，而我一直以来都认为“创意，是一种生活态度”，尤其当你面对困窘、挫败、低潮时，你如何面对生活的“一种态度”，而这种态度或许可以说是一种打不死的热情积极与乐观浪漫。薛良凯老师便是这样的一个人，他永远都给人“随时都有新发现”的人生态度。

我在台湾的很多企业担任营销创意的顾问，薛老师是近年影响我很大的人，他与我亦师亦友，从他的著作中体现了一个创意人的“可变性”与“行动力”，再加上他的“方法论”拆解了创意的结构性，这是我十分佩服的。

这本书可说是薛老师多年来的工作经验与生活体悟的结晶，他将创意应用在商业运营上的论述很有意义，也旁征博引了理论与实际发生的故事，对我而言，非常受用！书中将创意发生的过程与实际运用的步骤分成十三个章节，改变→转化→自觉→混乱→沟通→分解→组合→意外→品牌→简单

→故事→行动→文化，如同人生的成长论述。如果你能将这样的论述幻化成技巧流淌在你身体的血液中，那你一定脱胎换骨，将能以不同角度重新思考你的人生与事业。这本书可说是走进创意世界的“葵花宝典”，但庆幸的是，欲练此功，无须自宫。

或许，你会觉得这是一篇歌功颂德的推荐序文，但只要你愿意敞开心胸走进这本书的世界，你便会发现我所言不假，还会发现创意离你很近，更会发现“创意，就是这么好玩”！

推荐序2

台湾动漫文化创意产业发展交流协会理事长

陈治华

创意就是这么好玩

与良凯的相识很有趣，是从各动漫大奖评审会议上开始结缘，多年来，他给我印象最深刻的是：只要来自各种不同领域的众评委们，于评选过程中，各持己见、而坚持不下时，良凯总是如同他的外形般“温文儒雅”的跳出来，发表他独特的看法与见解，说也奇怪，大家听了他风趣的另类思考后，皆纷表赞同、达成一定共识，这就是良凯的魅力所在。

在我眼中，良凯一直是个很特别的好友+老师，口齿清晰、逻辑清楚，对于人事务的看法，总能在第一时间、有条不紊地分析精准，”将复杂的事弄简单” 这件事看起来简单，但我认为很少有人可以做得很到位，而在良凯身上，总是轻松惬意，我相信这绝对是他累积而来的生活历练与人生智慧使然。

创意，的确就是这么好玩，我认为如果不好玩，它就不是很好的创意，可是好多人认为创意好难，认为那是头脑好或乐观的人、才拥有的专利，其实不然，我非常认同良凯所提出的一个观点：创意是个动词，是解决生活大小事的智慧。

此书中，良凯老师引用了自身的经验、有趣的故事、完整的数据、寓意式的实例，以幽默的方式来诠释“创意”的好玩之处，令人拍案叫绝、欲罢不能。如果你是没有机会亲自坐在台下、听良凯老师活泼生动讲课的人，现在有福了，相信我，选择《创意，就是这么好玩》这本书，将是你最好玩的创意选择。

良凯，加油。

推荐序3

两岸知名行为沟通专家

裘凯宇

“创意行为与行为创意”的最佳解答

“透过文化的价值，与创意的力量，产生新的呈现，这样的呈现可以帮助无论生产者还是消费者，从原本的状态提升到更高的境界。”这是薛老师在我的书评访谈中，令我印象最深刻的一句话。

多年来我一直有两个身份，一个是阅读的推广者，透过网络的平台，每周推出书籍访谈；另一个身份是行为心理学家，把肢体表情的研究，实际应用在人际关系的教育推广里。

虽然我能教授行为，却不知道“创意行为”该怎么教，我在《创意就是这么好玩》中，找到了答案。

本书的十三个章节，不只是创意的心法、更是创意实践的做法，从个人微观“改变”的态度出发，直到社会巨观“文化”的整合，让我“透过文化的价值，与创意的力量，产生新的呈现”。

跟薛老师访谈的当天，每谈到一个观念，他就会拿起纸笔，把我纷杂的想法化做一幅幅有趣的图画，或是一张张清晰的图表，然后温暖的对我说：“你看你多有创意……”天

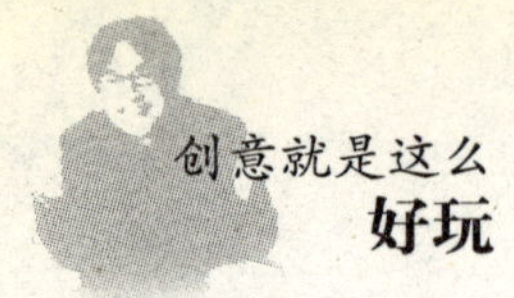

啊！这就是薛老师点石成金的功夫！这更是“行为创意”的具体展现。

我始终认为，创意与行为是不可分的，没有“创意行为”就无法创造市场价值，没有“行为创意”则不能说服消费者。不管你是否从事文创工作，如果你想“从原本的状态提升到更高的境界”，你不能错过《创意，就是这么好玩》！

www.koob.com.tw

推荐序4

普拉爵文创营运长

王平娟

可能与我的个性有关，我喜欢挑战——

挑战自己、挑战别人；挑战制度、挑战权威。

不瞒你们说，我极度享受这种挑战！

过去由于工作缘故，我常常有机会接触各领域的专家和师长，有的可能是我过去工作上的长辈、上级；有的是学者专家、名嘴艺人等。我乐于与他们合作，信赖他们的专业，当然，我挑战也接受挑战，在一次又一次的项目合作中撞击出火花，整合彼此的创意，让项目执行到位，客户买单，宾主尽欢。

很棒的专家，会让人赞叹不已；很棒的项目，会让参与者在数年后仍然记忆犹新。

告诉你们，工作所带来的成就，只有两个字形容，过瘾！

初见薛老师的时候（与他相识这么久，直到现在我还是称呼他老师），他带着朋友一起来，希望协会与企业联盟合作项目。同样地，我心中那个挑战又跑出来，几次开会的过程，让我很难忘，表面上他都没有进入讨论，但是很快就能够将讨论内容演绎成图形或是流程表并马上给出结论。有一次，我好奇又大胆地把他的笔记本借来看一看，“哇”的一声我大叫说“可以出书了吗”，书名呢，就叫“薛良凯的笔记书”。因为除了在上面看到密密麻麻地记录的会议内容外，笔记内有他很多的创意，包括与会者的速写漫画，与会者的特色、发型、眼镜等都一一记录下来，来不及用文字记录的就用图形，多么有趣啊!

有一天，他带着出版社责任编辑来找我，说他要出书了，想找我聊聊。

我以为钻研多年古埃及文的他要出这一类的书，爱玩又热情的我，当场联系一些资源，假如组团带队去埃及，我来帮他找航空公司、旅行社赞助，找红砖厂来制作古埃及文印章、来办场有趣好玩的签售会……他说不是。

“这本书写的是什么?”

“创意。”

一片静默……

因为，我心里想同类型题材作品市场上多得不行、种类非常多，可供读者阅读量已经很大，还有必要出这类的书吗？薛老师似乎看穿我的疑虑。

“不，正好相反。写创意的书，多为国外的案例经验，没有中国人的智慧、本地化的经验分享，更没有经过教学过程中所收集来的实证与实例。”

“好，我们一起来做出这本书——难以言喻的、一点点感动读者的、无人可取代的。”爱出鬼点子的我，是这么回答他的。

2012年9月，繁体字版首先出版了。学科学也热爱文学；念理工科后来却从事与创意和文化方面的工作，我常说他是贯穿中西、又科学又文学的特例。

本书的内容，除了每一章的开篇部分引人兴趣想要一探章节内容外，有至少超过10个以上的有趣图表案例与满足读者们阅读后现学演练的测验工具。

授人以鱼，不如授人以渔。我觉得薛老师这本书是一本“工具书”。它让你知道如何与创意共舞，让每个人感受到心中的创意美好且享受它。如果可以，你的无限创意还对世界和人类有帮助，多好！

今年，我接受薛老师的邀请加入他的团队，也催生了这本书的简体字版本的出版。我们衷心希望有缘分的中国大陆同胞能够看到这本书，反复阅读，与我们交流与分享创意，共同找出中国人的创意。

想知道我是怎么挑战自我和挑战别人吗？

想知道更多有趣的故事或创意吗？

欢迎来信与我进行交流。

sandywanghouse@gmail.com

致我的中国大陆读者朋友们（代自序）

从小玩创意的孩子是辛苦的，因为父母常是第一个破坏与阻扰他们创意的人。当了学生，玩创意是在挑战权威，老师们最见不得的事，就是学生竟然不认真地在书本里找出路，而总是想些不相干的玩意儿。经过十几年的弱化过程，进了社会，创意就像身上从不练习拍动的翅膀，一时就是想飞也飞不起来。

同时社会也像是一个加速器，每个离开校园的学生，在快速地成长与蜕变。许多人在很短的时间内，学会了飞翔甚至挑战极限。你说他离开学校才开始学飞？这我不信。他肯定是平常就在练习，或保有创意的习惯，只是他自己不知道罢了。而少部分人学习能力很强，凭借着优异的自我探索能力，硬是在短时间内学会飞翔，后来往往证明这些人也在社会各个领域都出人头地。

我自己是过来人，跟各位一样明白一个大道理，那就是没有人比自己更了解自己。但身为一个过来人的经验，我还明白另一个大道理，那就是当我还没成为“过来人”的时候，我比任何人都不了解我自己。同样的道理，对一个还不会飞的人来说，他不知道也不相信世界上还有飞翔这件事。

从1993年起，我在台湾清华大学上学时，为了多挣几个钱，已经在帮助要参加联考的中学生补习功课。那时候我就想过这个问题，对中学生来说，设定长远志向要比眼前考试更重要，心中应该想着目标是去念好的学校，甚至毕业后找一份好的工作，而不是仅仅只顾着眼前的阶段考试过关。志向就是一张地图，心中有了地图，自然不会迷失方向。而你能学到的各种技能，便组成了手上的罗盘和乘坐的小船，这些硬功夫，直接决定你能航行多远。

不过务实一点来说，很多你想学的技能，别人也都学得到，这样只能把你拉高到某个水平，而无法超越水平之上。几乎在所有的工作岗位，除了比耐力、比冲劲、比细心外，最重要的比赛都是比拼创意。无论在什么场合，找到一个懂得产生创意的人，就是企业最大的资产。为什么创意这么重要？因为创意能够帮助个人、团体、企业做到一个用蛮力干不来的事，那就是差异化。简单地说，差异化就是你跟别人不一样的地方，就是当别人接触到两个相似商品时，为什么会选择其一的重要抉择点。有些牌子，你爱得要命；有些牌子，铁杆粉丝特多；有些牌子，让人觉得与众不同、有特殊风格，这些就是差异化的功用。直接一点说，有了创意，才有差异化；有了差异化，才有决胜的可能性。

那么创意是什么？如何产生创意？创意又如何应用？从2005年开始，我把之前在城邦出版、诚品书店工作的几年实际经验（这两个工作的相同点，是每天都必须产生大量创意），整理出一套创新与创意从何而来的想法，并开始在企业和学校以座谈会、工作坊的方式分享。这个行动，让我后来有机会担任许多知名企业的创意顾问，像台北故宫博物院。通过与企业家、高级主管的交流，让我意识到每家企业都隐隐存在着一个很大的问题——“思想老旧，再也变不出新把戏”。在我不断帮助企业研究改善方法的过程中，设计出一种有效的文化创意与五感体验课程，一种能帮助学员快速学习、了解和学会的方法，我用这套方法在企业、EMBA开始授课，点点滴滴的积累让我慢慢意识到这类课程的重要性，并创办了普拉爵这家公司。

我相信每一个人都需要创意，但是“创意”两个字经常被人误解，以为创意是什么难如登天的艺术。其实创意很简单，它是士农工商各行各业365天每天生活都会遇上的；创意一点都不复杂，在我心中，创意是个动词，是解决生活大小事的智慧。

创意不难学，难突破的是自己长期给自己戴上的枷锁。学创意就跟武侠小说中武林高手练武功一样，武功招式要漂亮，内功练习当然也少不了。学校教我们的，大多是武功招式，那种没有底蕴的SOP（Stand Operation Procedure）标准作业程序，看起来是一回事，但做起来却是另外一回事儿。学校既然不关心“灵魂”工程，那我们怎么学“内功”？估计那些有创意的人，就是在社会里慢慢摸索呗，因为要教别人创意这个活儿，本身就要很有创意。我看过太多人向人求教，得到的都是软钉子，不是说创意要靠天赋，学不来的，就是要你继续锻炼经验，磨炼个三五年再说。

我不敢说我是自己学会飞的，只是身为一个“过来人”，冤枉路的确走了不少，我知道创意是有快捷方式可以学习的。如果你相信这些人说的，以为创意真要磨个三五年才可以出师，那么就无法解释为什么牛顿在23岁就发明了微积分，而莫扎特6岁时，就已经谱出三首小步舞曲和一曲快板。如果你读了这本书，就会知道创意跟年龄无关，甚至有时候未必要在社会上真的历练过。创意是一种可以被训练的能力，创意跟你的好奇、体验、感受度、行动力成正比。

这本书是我在担任企业顾问与教学期间，慢慢所累积出来的心得。正如前面提到的练武功，在学习各种武功招式之前，这是一本学创意的“内功”心法。我希望通过这本书，帮助每一个人看清自己，并开始探索自己的创意能力。越早学会创意这项能力，你就越能早点出发，展现出你的差异化思考。对自己以及社会来说，我相信这将会是你自己永远的个人资产。

薛良凯　于台北

fox. hsueh@ gmail. com

前　言

每个人都想成为一个有创意的人，但是创意真的能够学习吗？原本比较没创意的大脑，能通过某种开发模式，慢慢变得有创意吗？一个脑筋经常打结的人，会因为阅读这本书而改变自己吗？

如果你做的是买这本书回家翻一翻，那么你或许可以多增加那么一点点创意，但要想让自己创意功力变强大，那你就不能只是光看书而已。

学任何事都需要动手

无论是到学校上课或为企业进行教育训练，我所设计的课程不但要动口，还要经常动手。每次上课的学员都像是在打仗，为了争取获胜的荣耀，几乎要绞尽脑汁用上所有能力才有可能过关。曾有一位同学开心地跟我说：“这些创意课实在太好玩了！这些课程是怎么被设计出来的？是不是有什么原理在背后？”

其实原理很简单，我相信要学一件事，绝对不能只靠动脑而不动手。亚里士多德曾说过：“我们先学才会做，而我们从做中学习。”这句话也可以理解成“做事”的行为，才是真正的学习。对我来说，学习过程中发生了什么，学员到底学会了什么才更为重要。我重视问题的解答过程，强调解决的方法而非最后结果。这种以过程为学习的模式，我称之为“提升式体验学习（UPEL，UP Experiential Learning）”。简单地说，UPEL的概念就是设计让学员从经验中学习，或者是说“从做中学”。

体验学习理论虽然很早就被美国哲学家和教育家约翰·杜威（John Dewey）、德国心理学家库尔特·勒温（Kurt Zadek Lewin）和法籍瑞士儿童心理学家尚·皮亚杰（Jean Piaget）等人提出。但是真正归纳、总结并提出一套完整架构的则是美国教育理论家戴维·库伯（David A. Kolb），也就是目前大家所熟悉的体验学习理论（Experiential Learning）。这套理论已经很完备，应用在教学设计上非常有助于提升学习效果，但是关键在于许多高阶课程的“剧本”太难写。从2005年起，我的研究团队开始将这项理论落实在研究所和企业教育训练上，加入更多“正面积极”的思维模式而成为“提升式体验学习”（这就是EL前面加了UP的缘故）。

我用从戏剧表演学到的经验，在课堂上替每一位学员设计表演舞台。摒弃一对多的演讲模式，让学员在课堂这个虚拟的空间中，进行课程内容模拟操作。按照实际需求，每一种课程中最多时候有高达80%的动手时间。根据课后问卷显示，动手实际操作课程跟演讲形态课程相比，学习效率平均提高了12%以上。

提升式体验学习效果比传统培训好的原因，在于它的培训基础并非依靠记忆，而是依赖学习者的实际体验。我在课程中增加“把概念运用在事件上”的方式，就是要帮助学习者将大脑中的假设与假想具体化，我把这个步骤称为“实务演练”。按照脚本编排的训练方式，直接让学习者下场参与模拟，当演练完之后，学习者对原先的学习概念将不再会是大脑中的想象。因为学习者实际经历、体验过，知道它的难易度与解决关键在哪里，这就是我们提升式体验学习与其他学习方式的最大差异。

那么学习创意呢？原理也是大同小异的。在这本书里面，我们设计的方式并非仅仅是“用眼”看这本书，更希望读者能“动手”，在看完书后按照每章后面的方法练习一下。才是学习创意的开始，这一点上是没有办法偷懒的。

不过在练习创意之前，我希望读者们将脚步放慢一点。就像盖房子一样，要先打好地基，等水泥干了才能往上面继续盖。还没有学过创意课的读者，可能还不会搅拌水泥呢！所以请不要一下子就翻到第四章以后去了。

我认为要学好创意，必经之路是心态上、知识上和能力上的三阶段改造。前三章的改变、转化、自觉正是给各位打地基用，这三章有助于心态上的改造，请务必先读这些章节。我说改造而非改变，是因为这并不是要洗各位的脑，而是帮助各位从已知的基础向上堆砌、升级。就好比给读者们的大脑换上CPU中央处理器、加两条内存，再把硬盘容量加大一样，你会觉得变轻松，但是你还是你。“改变”是必要的，因为世界在不断改变。我在演讲中常提到，每个人都想有所改变，但是却希望不改变现状就能改变自己，可惜那是绝对不可能发生的。“人不可能用同一种活法，活出不一样的自己”，如果不改变，就等着被淘汰吧。“转化”是一种魔力，是一种洞察事物的方法。在第二章里有7个转化练习，这些练习能有效地帮助我们用不同的眼光体验不同人生、开启感官。俗话说“思想决定行动，行动决定习惯，习惯决定品德，品德决定命运”，一个有“自觉”的人，他的行为体现出他的人格，他的人格也反映在行为上。第三章里我们还会提到上天派来修练你的六种角色，如果你不只是想学创意，还想学创意人生，这一章绝对值得你细读。

第四章到第十章提供给读者知识上、能力上的改造，如同任何事都非绝对一样，每一章可能知识性内容比较多，也可能偏重能力养成，但是每个主题都与刺激各位的创造力有关。“混乱”这一章讲的是混乱与出错经常产生创意，适时地将错误转化为独特的见解，就是好的创意。“沟通”我们谈到是如何将脑里想的事有效率地传递给对方，为了让传递被接受，传递者要多下点工夫。在这一章里面，感同身受以及角色投射这两部分，读者们请别错过了，你会发现沟通的重点，是仔细听，而不是用心说。“分解”是最多人创新的方式，包括知名的上市、上柜公司，都利用这一巧妙的手法快速生成创意。分解是先把别人的流程或功能拆解成小块，再拿一些运用在自己身上的，只要多下工夫观察，你会发现这一招非常好用。“组合”是很有趣的一章，除了分享几个有趣的组合应用案例外，大家一定要把书中SQTIC这套思考工具学会，当你实在挤不出想法时，它能帮你渡过难关。

“意外”是在讲一个概念：每次的出错是给自己一个跳出框架的机会，决定要不要跳出去，关键还是在于自己的想法。因此把握每次出错，用正面、积极的态度处理，你既可以当做又一次“出错”，也可以把它看成是“机会”。讲“品牌”的书很多，可是我自己觉得品牌没多么复杂，好品牌应该是用实际行动展现，而非仅靠炫丽的外观。在这里，我们多花了一些篇幅解释大脑有多么的粗心，还有印象有多么的不可靠，做设计的朋友请别错过。

对于“简单”这一章，本来我想设计成一个超大的跨页，然后上面印四个小字“简单是美”，但是想一想这种“无字真经”级别的比喻，大家一定很难接受……要让创意变简单，要从简单中发展创意，这一章正好有一个不错的工具。我将近百种跟简单有关的案例整理、归纳，产生出九个重要元素：时间、组织化、感动、强化功能、舍去、感染、明确的理由、差异化以及安全感。交错、选择性地运用这九种元素与法则，可找出将复杂事物发展浓缩成简单的方式。

文化创意产业

每次在文化创意产业讲座上，我都会问现场观众“文化创意产业最重要的精神是什么？”通常换来的无非是技术、文化、设计、品牌、坚持等，这些答案不是不对，而是用这样的心情与目标作文创，最后有可能会变成艺术家或者是公益事业。

听过我演讲的人，都说我对文化创意产业的诠释最犀利、也最真实。我认为，文化创意产业最重要的精神就是要获利，一个不获利的生意，你自己不快乐，家庭不快乐，也不会有消费者快乐，但是要怎么靠文创获利呢？在本书最后一章“文化”里我提到一个选择硬币的小男孩，我觉得文化就像是故事中的小男孩，深藏丰富的财富，而小男孩的“决定权”则是创意的表现。文化有丰富的内涵，而创意正是开发它的工具。文化也是一把双刃剑，好好运用它，你就等于是站在巨人的肩膀上看世界。但是一旦用上了，同时会肩负文化所带来的压力。站在文化面前，你无法嘴上说一套实际做另一套，文化讲求的诚信基准比什么都高。一旦做出背信弃义的事，消费者的惩罚会快得让你措手不及。很多人会担心文化会太死板、落伍，其实文化是不断演进与变化的，会落伍的通常只是营运者的思维而已。

我在“行动”这一章里，举了几位创新达人的案例。

创新本来就是打破规则，打破规则在外人眼中是有点离经叛道，创意者要学会忍受这些压力。但问题并不是大家害怕承受压力，而是大多数人根本不愿意去打破规则！我们可以试着让自己慢慢培养出行动力，从今天起，不要总是把自己与其他人相比，先超越自己就是大赢家。一天走一步，最后总是会有所改变的。

任何好的营销都免不了要用上“故事”，一则好的故事具备切题、简单、易懂和共鸣四个指标，如果你想要改编或是创造一个故事，这几个指标是很好的参考依据。但是真正好的营销，并非创造故事，而是找到故事后“小题大做”。在故事这一章中，列举了五种练习故事的方式：找朋友练习、用亲身案例、挑好故事、用对时机以及录音矫正。如果你正在为企业、产品、服务找一个好故事，我建议优先挑选亲身体验过的案例去发想故事。如果你想学说故事营销，多多练习是很有必要的，先找朋友来磨炼自己的说话技巧吧。

最后，希望你能喜欢这本书。

目录

创意就是这么

好玩

第一章

改变 Change

“Εύρηκα! Εύρηκα!（我发现了！我发现了！）”

——阿基米得（Αρχιμήδης）

一位白手起家的父亲，他怕自己死后，三个孩子无法守住自己辛辛苦苦累积的事业，所以想出题考验一下孩子，看谁最有资格继承他的衣钵。他把三个孩子叫到仓库，并分配给每个孩子一个30平方米大的空仓库。父亲告诉他们："今天天黑前，谁能花最少的钱把仓库装满，我就把事业传给他。"

到了傍晚，大姐回到仓库。她请人运来一堆价钱便宜的木材，很快就把房间装满，父亲觉得很高兴。

不久二哥也到了，为了省钱，他自己开车，拉回一大货车的稻草，也把房间堆得满满的，父亲觉得十分满意。

最后，小妹一个人回到仓库，身后却什么都没有，大家觉得很疑惑。

小妹领着大家到漆黑又空无一物的仓库内，从口袋里拿出一支蜡烛，点亮后，房间立刻充满亮光。父亲和大姐、二哥都非常佩服小妹。

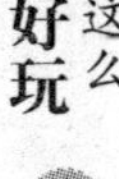

很多人都问过类似这样的问题：创意要怎么学？创意真的可以学会吗？为什么我没有创意？我要如何才能更有创意？

我们眼中所看到的创意，多数是表现出来的结果，而非其中曲折离奇的过程。不过正如创意本身的美妙，当观众见到蜡烛发光的刹那惊艳，往往会忽视成就背后要下的诸多苦心与努力。如果我们把"用烛光填满空间"当做学习目标，就等于是倒果为因，学习次序不免有些颠倒。想要学创意，要学的不仅是表象，更要学创意是通过什么过程产生的，更进一步地说，我们要学如何才能产生各种有效的创意。在探讨怎么学会创意之前，我们不妨先思考"创意"到底是什么？"创意"到底是怎么从脑海里跑出来的?

创意是什么? 什么是好创意?

在产生一件作品的过程中，我们可以假设其中包含数段流程。不论是刚开始的发想、酝酿，中间的设计制作，到最后的完成与美化，其中一定布满了许多小事件。每个小事件，都相当于一个解决方案，而这些解决方案正是创意表现出来的具体成果；在成果还没诞生之前，“创意”只是一些片段的想法。通过小事件不断被解决、组合，最后终于组成了一个完整作品，这个作品可能是实体对象，也可能是虚拟的东西。运气好的话，过程中遇到的小事件不多，创意者很快就能抵达终点；运气坏的话，单个小事件就能把你绊住，机器少一颗螺丝也无法转动，这个“小”事件才是真正“大”创意所在。

创意的目的，必然是为了解决某些事，我们可以说创意是为了解决某种需求而出现的解决之道。而所谓的好创意，通常是指可以用更经济、有效、快速、便捷、美观、特别的方式去完成同一件事。所以说，创意能力相近于解决问题的能力，而一般评断创意能力高低的方式，可以用解决问题的效益与难度当做评估指标。

开始创意前，请先认识你的问题

创意不复杂，如果有人说要学创意，其实他想要学的是较高层次的解决问题的方法。不过好歹被冠上了个“创意”两个字，解决之道就不能太过平凡、制式、老套，除了要有更经济、有效、快速、便捷、美观等差异之外，难免还要加上意料之外、惊喜、特别、有趣、前所未闻等元素在里面，才有资格被称之为“有创意”。但是这样一来，真正的困难就会分成了两个层次，首先是要学习如何美妙解决问题的方法，其次才是些加料、额外添加差异化的成分。

到目前为止，我们对学创意这件事已经有了不一样的认识，至少我们了解到创意与解决问题大有关系。但是这离真正创意的根源还有一小段距离，我们还可以继续往下挖掘，想一想，为什么有人能顺利地解决问题？问题是怎么被看出来的？

能一眼看出问题的症结所在，固然是一种经验的积累或者是个人天赋，但是多数正常人在资料收集齐备的状态下，如果能够给予充足的时间，几乎也都能够找出答案。姑且不论问题解决的效果与答案是不是够漂亮，解决问题必然需要一个动机。这个动机可能是源自某种需求，或者是被指派的任务、其他人的请托等。但是无论如何，动机一定都跟某种欠缺、不足、需求、利益……有关。

1782年11月的某个夜晚，法国亚维农发生了一件了不起的事，这个突发奇想的创意，改写了人类两百多年来的历史——人类首次能够飞上天空。42岁的乔瑟·蒙哥费尔（Joseph-Michel Montgolfier）老家经营造纸业，因为野鸡大学毕业后生活并不顺遂，在外面欠了点债，所以这位法学院毕业的“大学毕业生”还曾因被追债，在法国里昂蹲过几天苦牢。

当天，他在家中专注看着英国海军围攻直布罗陀的图片（这也许是众多男生的嗜好，喜欢看战争片或是研究战争），发现这个无坚不摧的堡垒，唯有从上方像上帝般伸出只手向下干预，否则实在无法突破如此坚强的防御工事！

那时，氢气与氧气已经被发现将近十年（分别是在1776年与1771年被发现），当时化学家已经知道，把氢气装在纸袋或者丝质料的衣物中，可以让东西飞起来。只不过，氢气制造复杂，而且还具有可燃性，是一种相当危险的气体。而且“知道”离实际应用还有段距离，“知道会飞”跟制造飞船更没有什么联系。

当晚气候寒冷，屋内生着炉火，看着冉冉上升的轻烟，乔瑟灵机一动：也许热空气也会有浮力？于是迅速用木片搭起了个骨架，糊上纸张然后放在火炉上方受热，果然，它飞起来了！

乔瑟发现这个现象后，马上写信给弟弟埃亭（Jacques-Etienne），迫不及待地分享这个奇特的现象。狂热加上天赋使然，在一个半月后，他们已经造出直径2.74米，可以飞翔达1.6千米的巨型“气球”；来年4月，重226.8千克、直径10.67米、体积784立方米的气球终于诞生！经历了不断的试飞、改进，以及他们兄弟的不断宣传与公开展览，热气球在当时已经非常受大家的欢迎，法国皇室甚至安排了一场表演，9月19日就在凡尔赛宫当着国王路易十六御前来了一个飞天展览。

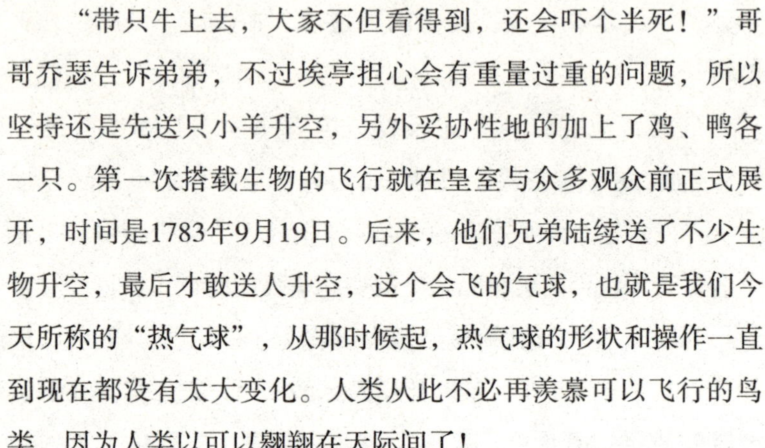

“带只牛上去，大家不但看得到，还会吓个半死！”哥哥乔瑟告诉弟弟，不过埃亭担心会有重量过重的问题，所以坚持还是先送只小羊升空，另外妥协性地的加上了鸡、鸭各一只。第一次搭载生物的飞行就在皇室与众多观众前正式展开，时间是1783年9月19日。后来，他们兄弟陆续送了不少生物升空，最后才敢送人升空，这个会飞的气球，也就是我们今天所称的“热气球”，从那时候起，热气球的形状和操作一直到现在都没有太大变化。人类从此不必再羡慕可以飞行的鸟类，因为人类以可以翱翔在天际间了！

需求会产生强烈动机，动机能诱发看出问题症结的能力，一旦问题症结被找出来人们就能够全力寻求解决问题之道。如果解决的方式够漂亮，我们就会说它有创意。创意，就是这么回事。

创意的燃料是动机

地点：某上市公司

开会原因：开发下一季度新产品

主管：今天开会是要找出下一季度的产品项目，大家不要有任何预设与顾忌，任何点子我们都欢迎，什么突破我们都愿意尝试！好，现在请大家踊跃提出想法！

下属A：关于上季度的商品销售情况，是不是能够先总结一下？

主管：报表大家都收到了不是吗？上一季度跟这一季度的需求，应该没什么相关性，我想先讨论下一季度的产品。

下属B：呃……我记得去年有推过水果香味的糖果，那次销售得还不错，是不是考虑一下加入果香气味？

主管：天啊，我记得那个笨点子！你知道那次因为气味过香，差点让一个孩子吃得太急而噎到吗？这是烂点子。还有吗？你们得动动脑子！

下属C：有门市反应密封夹链袋可以用双层的，因为这样能更密实，也更好封口，说不定顾客也会体会到我们的用心，直接增加回头率。

主管：这样成本会增加多少？我们预算有限，这个先不考虑。

众人静默了一分钟。

主管：大家快说话啊？好，我再说一次，大家不要有任何预设与顾忌，任何点子我们都欢迎，什么突破我们都愿意尝试！好，现在请大家踊跃提出想法！

要有动机不是很简单吗？想去克服一个困难，不就是动机吗？怎么想都不应该是件困难的事情才对。但事实上，只要参与过“产生创意”的过程，就知道完全不是那么简单的事。再有创意的人，经过像上面这样的折腾，还能剩下多少动机？我们来看看以下几个场景，你也曾身处其中之一吗？

●一群既专业又有经验的员工，被关在一间狭小的房间里面，集思广益的企图诞生完美解决方案。

●为了写一份报告，已经枯坐在计算机前好久的你，努力想要把大脑中杂乱无章又片段化的信息，逐步归纳整理，转成可以从指尖打出字的论述。但实际情况是，绞尽脑汁却打不出半个字。

●对手正在挑三拣四地质问自己的想法，自己手中虽然握着许多资料，却仍是没信心，害怕被问到自己回答不出来的问题。

●站在讲台上，就算演讲稿已经练习了好多次，却还是不断忘词、说错。紧张与害怕正侵蚀着自己身上的所有细胞。

●被要求马上想出解决之道，但是无论怎么想，思绪都在原地打转，再转下去，都快变成陀螺了。

每个人在面对问题时都有很好的动机，却未必能产生好的解决之道。而且正如最后一个场景，无论是脑力激荡、开会、写报告、演讲、对话，有时候没想法就是没想法，就像找不到大脑中某个房间的开门钥匙，只能在原地不断空转（空转所消耗的脑力，不会比运转时耗费得少吧）。

动机是创意的启动因子，没有了动机就很难产生创意，我们不妨在动机与热情之间画上一个小小的等号。热情就像是创意的燃料，鼓舞着人去构思解决方法。试想，没有超级热情怎么会有疯狂的创意呢？

动机＝热情＝创意的燃料

很难说爱钻研问题、探究真相是不是天赋的一种，但是我根据自己的教学经验发现，填鸭式的教育方式，就是摧毁创意的主要杀手。在台湾主持的几百场针对大学生和高中生举办的讲座上，我很少遇到勇于主动提出问题的听众，更难见到能够问出好问题的听众。正是因为填鸭式教育制度容易产生只要会背诵就是好的习惯，长期只顾吸收不重消化的结果，只会削弱自己的思考、反刍能力。因此，无法提出问题、无法将这个疑问酝酿成解决动机，两者的叠加让天才也变成应声虫、追随者。

这项天赋不是不能找回来，本书后面的几章内容，就是帮助读者蜕变成一个爱找麻烦的人。拥有如孩子一般爱问问题的心态，就会让创意者充满动机与热情，碰上的谜团越困难就越想要动手解开它。

不过，创意既然是“较高层次的解决问题方法”，仅靠热情是不够的，还是必须依靠足够的经验与技巧逐步达成。但很有趣的是，在许多创意学习的个案研究中，创意者产生创意的方式并不局限于自身的技术、能力，也不会被经验限制住。创意者能在既有的框架中，找到一两个击破点（就像搭乘公交车时，逃生窗上四个角落的红色圆标志），经过猛力一击，就能瞬间瓦解整个问题。创意者或许最初还没有敲下去的能力，也无法掌握敲击的力道，不过创意者总是能找到解决的方法弥补自己的短处。

于是，无论身处什么场景，为了要解决各种问题，还是应该有几套自己常用的贴身工具。但是，大家也应该知道，同样是链锯，能锯出那样有魄力的作品，不代表伐木工人能锯出同等级的作品。制作好作品不仅是靠无生命的工具，更要紧的是那颗灵活又自由奔放的脑袋。

急速变化是现在的常态

记得是1997年前后，当时我正在担任杂志编辑，曾经看到过类似这样的数据：

……外电报道，据某专业机构调查，每天使用超过1小时、每周超过8小时网络的人属于重度使用者；每周累积使用网络超过15小时以上，称之为网络成瘾高危险人群。长期下来，这些使用者会产生自我封闭人格，易发生躁郁症、精神病等情绪问题。

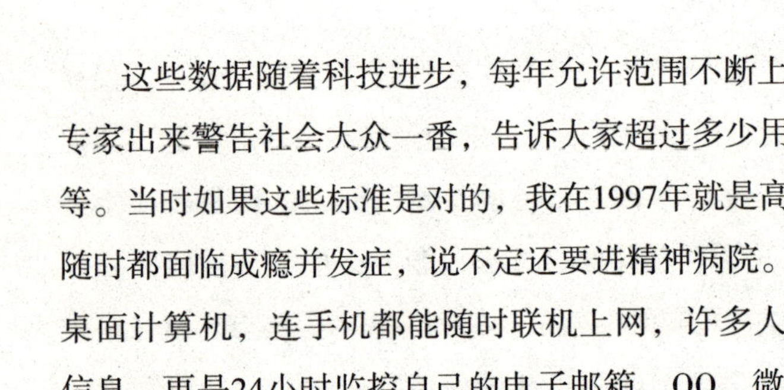

这些数据随着科技进步，每年允许范围不断上调，但总有专家出来警告社会大众一番，告诉大家超过多少用量就要小心等。当时如果这些标准是对的，我在1997年就是高危险人群了随时都面临成瘾并发症，说不定还要进精神病院。现在不仅是桌面计算机，连手机都能随时联机上网，许多人为了不漏接信息，更是24小时监控自己的电子邮箱、QQ、微博、LINE、WeChat（微信）、MSN、Facebook、What’sapp……拿十几年前的标准来看今天的世界，恐怕现在多数的工作者早就该进入精神病院了。

变化太快，正是这几年我们所处的真实情况。Intel创办人戈登·摩尔（Gordon Moore）在三十几年前曾提出创见，他认为集成电路上可容纳的晶体管数目，每隔大约18个月就会增加1倍，效能也将提升1倍。这项后人称之为“摩尔定律”的法则，直到今天还很有效，而且经过许多人的研究发现，在其他科技产业也有类似的现象出现。这些固然是科学技术进步的写照，但是另一方面，也显出要胜过竞争对手，仅靠老东西、旧服务是无法获胜的，因为很可能你只是暂时领先18个月而已。

伴随最近一波的网络高速发展所带来的企业的兴衰变化，许多传统企业现在无法继续维持其优势，因此出现了百年老店不敌新企业的尴尬状况。然而没多久，这些才刚兴起的企业，又在更短的时间内被另一家新企业击倒。这都显示出一项铁律，企业能维持优势的时间越来越短，想要永续经营，就必须要不断地创新。

不仅是单一企业受到威胁，进步的压力有时会让整个产业链全部大洗牌，严重时甚至能摧毁掉整个产业。乍看之下，音乐产业像是科技发达的受害者，但是如果把时间轴拉长到几个世纪这么长，那么，近十几年间发生的事情就又不足为奇了。最早，作词曲的人必须也要会演奏，或者是自己下场指挥，所以会作词曲的音乐家、懂演奏的乐师能赚到创作费、演出费。到留声机发明后，他们的音乐可以被复制，乐手面临失业，但是却能利用压制黑胶唱片、唱盘开始赚钱谋利。接着角色先后被广播、录音带、CD、DVD等不同媒介夺走。最近一次战役，暂时由互联网、MP3领先，但是没有人知道，之后谁又会把这个头衔摘走。

虽然企业再造已经不是什么新名词，不过企业再造确实是企业永续生存的唯一关键。如果企业不跟上时代脉搏的变化，那么随时都有可能变成“夕阳产业”。把小区杂货店升级成24小时便利店是创意，店里提供提款、缴费和热食更是创意，为了提升人流量与客单价，早餐、咖啡、集点、免费座位、无线网络等全都端上桌，这些也都是创意。当市场进入饱和状态后，企业竞争已如逆水行舟，不进则退。

在现代社会，创意已经不仅仅是一项主动优势，更是生存下去的唯一办法。但让人好奇的是，到底什么是驱使顶尖创意者找到击破点的关键机会呢？为何在常人眼中一块坚不可破的玻璃，在创意者的眼中，就好像自动出现了几个破绽呢？这就像大家都在从众向左走的时候，怎么会有人胆敢打破常规向右走呢？

人不可能用相同的方式，活出不一样的自己

初中时代的我，曾经立志学好英文。为了实现这个梦想，我恳求母亲拿钱给我向杂志社订购一整年的英语杂志。那时候，台湾英语杂志搭配每天固定时段的广播节目，早晚有好几个时段可以收听，每天都有适当、规范的进度鞭策学习者。

就在刚订阅后不久，一次学校的考试打乱了我的学习进度，为了准备考试，只好先全心读物理、化学。我想，反正英语杂志随时都可以看，少听一天也不会怎么样，当时我这样告诉自己。但考完之后，我就把听广播学英文这件事给遗忘了。

下个月的新杂志像是闹钟一样叫醒我，我打开广播，翻开杂志，遗漏的半个月进度让我有种说不出的罪恶感。还好，才

少看半个月，以前十几年没看也没发生什么样的大事，哈哈。我这样说服自己，但是不久后，因为别的考试学习又中断了很久。

收到八月份的杂志时，五、六、七月的都还躺在信封袋里面未拆封，我把它们整齐地放在书架一角，心想英语是最不会退出流行的，什么时候再看还不是一样。就这样，十二月的又到了，看着这十二本摆放整齐的杂志，我想还要不要继续花父母的血汗钱，我决定不要续订下去了。

来年暑假，在一个月黑风高的晚上，因为书架实在摆不下新书，我只好趁四下无人，带着满怀愧疚的心情，把它们搬到废品回收站老汉那换钱去，就这样结束了我的第一次英语自救革命。

很多人想要学习语言、期待更有创意，希望能变得有能力、更厉害，但是每天作息规律不变、吸收知识的方式不变、思考的方式也不变，怎么会产生任何改变呢？如果说，改变是一个目标，那么在同样的轨道中运行，就很难发生什么不同的结果。要把改变当做目标，就一定要尝试调整自己的轨道，用各种方式把自己推离轨道，这才会有不一样的可能。

在参与过的很多次头脑风暴、脑力激荡、发想会议的过程中，常会观察到同样一群人，不停地在重复使用同样空间，相同的方式，同样的主持结构；在这样的不停重复下，再有动机、有热情、有智慧的伙伴，都会慢慢变得表情比较呆滞、枯燥无趣、反应迟钝。这样的进行方式，每个人好比一颗在特定的轨道上运作的行星，以特定模式自转、公转，可预期的负面心理导致无趣，过度有规律则容易让创意机能僵化，最终停止运转。

这里我必须再强调一次，人不可能用相同的方式，活出不一样的自己。如果想要变得不一样，那么就要活得不一样，因为相同方法与流程，产生出的结果也不会相差太远。

创意者早知道“世界正在急剧变化”

创意者有几种明显的外部特征，其中“不安分、不墨守旧规”经常是排行榜上的第一名。无论是发明、绘画、表演、设计、运动、创作、商业竞争、工作或任何领域，想要突破就不能总是用老样子去面对，必须想出些什么新方式，超越从前的自己。生产出的成品是结果，并不是原因，如果我们学习、模仿创意所表现出来的外显结果，那是怎么样也学不会创意的。

创意者想要突破，并不是因为想要搞怪、标新立异，也不是因为这样才能吸引眼球、获得瞩目。创意者想要改变，是因为他们深切知道“世界正在急剧变化”。科技进步，把很多原本不可能的事迅速实现；同时，却也把很多的现实变得无用、无趣。这种快速的进化与嬗递交错，如果没有对世界变化有所觉悟，很快就会跟不上世人的脚步，掌握不住流行的节拍，也绝对无法诞生出好的创意。创意者要改变，是因为他们知道如果自己不改变，就只好看着别人改变。创意者要改变，是因为要迎合多变的世界，是不得不变。

据美国专利局（USPTO）统计，1963年向该机构申请的美国与境外专利（Utility Patent Applications）获证数有85869件，到了2010年，每年获证数提升到4900226件（约5.7倍）。比较1963—1967年与2006—2010年的5年间获证数总和，共激增了5倍以上，这是西方世界的实力所在。

中国经济是当代突然崛起的，从专利许可数一样看得出端倪。根据中国国家知识产权局的统计，1985年全国含国外申请专利并受理件数是4000多件，2011年急速攀升到了184万件，这几百倍的成长，充分体现了我国的大环境变化有多么快速。

以发明专利指标看创意只是冰山一角，如果把媒体报道、电视节目、图书出版、学术论文、个人研究和网络创作等全部加在一起，那么仅仅2011年全年的奇思怪想数量，恐怕就可以抵上1900年之前数千年间人类全部怪点子的总和。而信息进步的速度，看起来只会变得更快，一点也没有停下脚步的样子。

“世界正在急剧变化”这件事传递很多信息给我们：

●世界上只有少数几种东西不会变，其中有一项就是“变”。

●今日导致成功的原因，不代表日后还能有效。

●现在我们认为对的事，在不久的将来恐怕是错的；现在被认定是错的事，未来也可能变成对的。一时的“对”可能维持不久，偶尔的“错”与“打破常规”或许会是未来成功的关键。（提醒各位，往往错事一旦成功，就会称之为创意；犯大错还能成功，则会称之为大创意）

●想要长久保持竞争力，就不能总是相同的老招数，与时俱进或许是一个不错的办法。

●如果总是坚持自己的想法，拒绝相信某些已经在改变的事实，那么你失去的不仅仅是市场，也会失去再生的力量。

●人类善于适应环境，也勇于面对环境的挑战。不要拒绝改变，改变是因为整个大环境不断在变化，改变不过是“适应”的另一种说法而已。

●创意者是因为环境不断改变，所以才会想到要改变任何因为大环境改变而带来的不适感。

创意/善变是未来制胜之道

在课堂上，我常问学生苹果公司（Apple Inc.）是一家什么样的公司？如果在20世纪80年代问，问题的答案应该是一家计算机公司，生产标新立异的麦金塔桌上型个人计算机。1990年左右，苹果公司生产手提电脑、PDA和像果冻一样的彩色外壳计算机。2000年，苹果摇身一变成为卖随身听与在线音乐专卖店的公司，他们的iPod广告由几个色彩鲜艳的人物剪影代言。2007年iPod销售达到一亿台，击败由Sony霸占市场数十年的Walkman随身听。之后，苹果摇身变成手机公司，iPhone每次出场亮相总要造成挤破头的抢购。2010年，苹果成为平板电脑计算机公司，生产可以用手指触控互动、游戏的iPad，一度被预言将会改变人类的阅读习惯。天晓得2015年他们又将变出什么把戏？

所以，该要怎么回答“苹果公司是什么样的公司”这个问题？多变的苹果，好像怎么形容都不对劲。但是这不恰好是一家与时俱进的公司典范吗？他们敏锐的天线不断感知时代与科技成熟度，适当发展出具备市场领导地位的特色商品。通过质感设计、魅力营销与媒体操作，不断获取消费者强烈认同，把竞争者远远甩在身后。一家与时俱进的公司，会认知到市场变化其实是由于世界急剧变化所引发的，改变是谋生之道，不改变就等着被竞争者消灭。

不只是苹果公司，现在许多公司都在自己的企业内部要求引发小革命。只要留心注意四周，就会感受到各种设计与服务每天都在提升。以电子商务的物流为例，互联网下单的商品到货失误率越来越低，速度与质量不断提升。服务上，会员在系统登入后，可以追踪查询货物运送状况，到货前后由系统发出简讯提醒，最快在8小时之内就能到货。甚至连运送包裹里面的防碰撞材料，也从先前的碎纸、防撞泡沫、保丽龙颗粒、气垫一直进化到可以重设大小、重复使用的重复充气垫组合。如果企业连续一整年在产品、服务、流程和组合上都一成不变，那么很难想象，未来如何能够打赢市场的竞争战。

创意从改变自己开始

学创意跟学其他能力不一样，其他技巧或许可以靠不断地反复练习、锻炼所掌握的灵活度就能学会，但学创意靠的不仅仅是技巧上的变化。创意的至高无上心法，应该是“把改变当做常态”，要同中求异、跳出框架。接着，保持一贯的好奇心，将动机转换成热情，以这股力量审视问题、洞察问题症结。通过有效的创意工具、有效率的流程，修改与糅和相似解决方案，终能形成与其他方案不同的差异化因素，诞生出属于自己的解决方案。

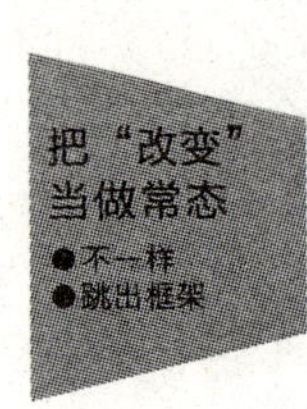

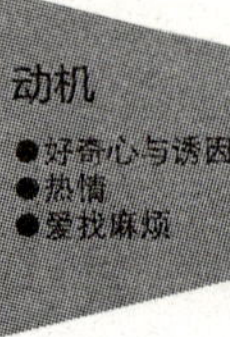

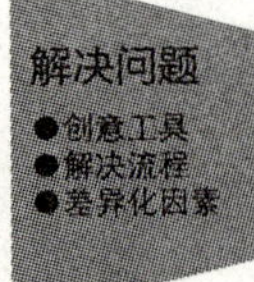

学创意在心态上的变化，不仅会改变自己，也会对周遭的人、事物产生巨大变化。学创意因为相信改变带来的力量，并且了解过度的一致与相似，会让人的想法无法产生波动，所以就更能允许外在异质基因的存在。有些创意者，会刻意将团队编制成混合多种技能、个性、血型、星座和背景等的组合。有些创意者，则是在工作环境上着手，软性方面改变办公室游戏规则，奖励提倡改变又有显著成效的同事，甚至将会议室四周设计成全是可书写的墙壁，鼓励每个人随时掀起办公室革命。硬件上则刻意设计成动态的、可移动组合的办公环境，运用可大可小可长可方的弹性空间、不固定的座位等，让整体环境在每个工作者印象中就像是一个变形虫。

运用得当，改变也能为管理带来方便与主动性。下属不会喜欢不授权、处处打压自己想法与意见的主管，同样的，主管也不可能会喜欢没有处理能力、做法一成不变的下属。如果整个团队加入了“把改变当做常态”的管理方式，上司会更容易接纳想法，更不会用拒绝的语气去面对挑战性的变革。相反，某些逆耳、不中听的建议，很可能会为团队带来不曾想过的巨大利益！

写下你的大创意：

美国历年专利获证统计一览表U.S. Patent Statistics Chart Calendar Years 1963—2010

Year of Application or Grant	Utility Patent Applications, U.S. Origin	Utility Patent Applications, Foreign Origin	Utility Patent Applications, Foreign Origin Percent Share	Utility Patent Applications, All Origin Total
2010	241.977	248.249	50.6	490.226
2009	224.912	231.194	50.7	456.106
2008	231.588	224.733	49.2	456.321
2007	241.347	214.807	47.1	456.154
2006	221.784	204.183	47.9	425.967
2005	207.867	182.866	46.8	390.733
2004	189.536	167.407	46.9	356.943
2003	188.941	153.500	44.8	342.441
2002	184.245	150.200	44.9	334.445
2001	177.511	148.997	45.6	326.508
2000	164.795	131.131	44.3	295.926
1999	149.825	120.362	44.5	270.187
1998	135.483	107.579	44.3	243.062
1997	120.445	94.812	44.0	215.257
1996	106.892	88.295	45.2	195.187
1995	123.958	88.419	41.6	212.377
1994	107.233	82.624	43.5	189.857
1993	99.955	74.788	42.8	174.743
1992	92.425	80.650	46.6	173.075
1991	87.955	76.351	46.5	164.306
1990	90.643	73.915	44.9	164.558
1989	82.370	70.380	46.1	152.750
1988	75.192	64.633	46.2	139.825
1987	68.315	59.602	46.6	127.917

续表

Year of Application or Grant	Utility Patent Applications, U.S. Origin	Utility Patent Applications, Foreign Origin	Utility Patent Applications, Foreign Origin Percent Share	Utility Patent Applications, All Origin Total
1986	65.487	56.946	46.5	122.433
1985	63.874	53.132	45.4	117.006
1984	61.841	49.443	44.4	111.284
1983	59.390	44.313	42.7	103.703
1982	63.316	46.309	42.2	109.625
1981	62.404	44.009	41.4	106.413
1980	62.098	42.231	40.5	104.329
1979	60.535	39.959	39.8	100.494
1978	61.441	39.475	39.1	100.916
1977	62.863	38.068	37.7	100.931
1976	65.050	37.294	36.4	102.344
1975	64.445	36.569	36.2	101.014
1974	64.093	38.445	37.5	102.538
1973	66.935	37.144	35.7	104.079
1972	65.943	33.355	33.6	99.298
1971	71.089	33.640	32.1	104.729
1970	72.343	30.832	29.9	103.175
1969	68.243	30.507	30.9	98.750
1968	67.180	26.291	28.1	93.471
1967	61.651	24.046	28.0	85.697
1966	66.855	21.670	24.5	88.525
1965	72.317	22.312	23.6	94.629
1964	67.013	20.579	23.5	87.592
1963	66.715	19.154	23.3	85.869

资料来源：U.S. PATENT AND TRADEMARK OFFICE
http://www.uspto.gov/web/offices/ac/ido/oeip/taf/us_stat.htm

国内外三种专利申请授权年度情况（1985—2011）

	时间 Year	发明 Invention	实用新型 Utility Model	外观设计 Design	合计 Total
合计 Total	1985-2006	296.500	838.121	602.157	1.736.778
	2007	67.948	150.036	133.798	351.782
	2008	93.706	176.675	141.601	411.982
	2009	128.489	203.802	249.701	581.992
	2010	135.110	344.472	335.243	814.825
	2011	172.113	408.110	380.290	960.513
国内 Domestic	1985-2006	112.441	831.536	544.051	1.488.028
	2007	31.945	148.391	121.296	301.632
	2008	46.590	175.169	130.647	352.406
	2009	65.391	202.113	234.282	501.786
	2010	79.767	342.256	318.597	740.620
	2011	112.347	405.086	366.428	883.861
国外 Foreign	1985-2006	184.059	6.585	58.106	248.750
	2007	36.003	1.645	12.502	50.150
	2008	47.116	1.506	10.954	59.576
	2009	63.098	1.689	15.419	80.206
	2010	55.343	2.216	16.646	74.205
	2011	59.766	3.024	13.862	76.652

资料来源：国家知识产权局
http://www.sipo.gov.cn/tjxx/

第二章

转化　Transformation

“还有一次轮到阿达在戏里演出一个被杀的角色，阿达也从来没被杀过。所以他又想到有一次他在洗澡时，那个水突然从很热转成很冷的感觉可以运用。他就凝视着对方，紧紧记住那个温水感觉，等镜头一转到他马上想起变冷水的样子，哇哇哇！好啊！导播说他死得太漂亮啦。”

——李立群（【台湾怪谈】中阿达的对白）

小时候我曾梦想当一名医生，但却不知道怎么样才能当医生。当时因为家人生病经常出入医院，于是，我就抓紧机会在医院急诊室观察每次送来的病患者，看医生如何拯救危重病患者。我天真地认为，只要这样看多了，我就能当上医生。

有一次，我看到一辆救护车呼啸驶进急诊室，担架抬出一位面如白纸的病患者。他用右手掌压住腹部的大块消毒纱布，纱布上沾满血迹。当急诊医生诊视的时候，我看见带血的纱布下是一道长长的伤口，部分小肠就这样淌了出来。我心想，这恐怕要尽快送进手术室缝起来才行，不然肠子这样挂着有多痛啊。

医生们交换意见，由于目前人手不足，无法立刻进行急救，只好先把这位患者伤口略做消毒，然后把病床推到急诊室内的过道边。

一分钟都还不到，感到不受重视的这位病患者开始慢慢沉不住气。他先是发出小声哀号，然后是巨大的哭喊声："救命啊，死人啦！医生护士都到哪里去了，这里有人要死啦！痛死我啦，快来人啊！"

很快地，隔壁帘幕"哗"的一声被拉开，一位白袍医生从帘内走出，拿起患者病历快速地看了一遍，再掀开纱布检查患者的伤势。他对者患说，"你的伤势虽然有部分小肠外漏，但并不严重，"说完之后，他将身后的帘幕拉开，隔壁床有四五位医生护士，正在七手八脚地为一位头被削掉半边看得见白色脑浆的患者进行急救。那位患者左边头部被切开了五分之一，手脚正不断地抖动、抽搐着。医生继续说，"这位先生，你稍安勿躁，我们先救他，好吗？"

这位肚破肠流的患者一看到这种场景，马上露出一丝苦笑，一只手按紧肚皮伤口说，"医生您这样说就见外了，我这边没事，你们先救他，快去。我这里没问题，你看，我还能笑得出来。呵呵！”

对于这位肚破肠流的患者来说，“看到”其他待诊患者，对他的现状一点都不会改善，伤口也没神奇到可以瞬间止痛、立即愈合，只不过见到凄惨百倍的患者，他顿时就将自己的症状淡化许多。这是什么缘故呢？因为在短短数秒内，他在心境上有180°的转化，把以为身处在谷底的自己，拉到了较高的位置。然而原先谷底的空位，却被那位削掉半边脑袋的可怜人取代，自己反而因保住小命而庆幸不已。

人类是十分神奇的生物，思想的变化可以左右情绪，进而控制自己的感受。明明肉体上很难受，却能够因为乐观、开朗的心情，转化成稀松平常的感觉；当感受变得不这么强烈，不适感自然就冰消瓦解。这种特殊效果，就是所谓的“转化”能力。转化可以帮助一个人在最短的时间内变成另外一种人，用另一种心境与方式生活，这种能力对创意者来说，是一件非常重要并且是必备的能力。

逆向操作

同一件事在不同人手里，就能够变出全然不同的把戏。曾经有一个特别的电视广告，一开始就用负面语气说：“这家店没有显著招牌、没有漂亮装潢、没有刷卡服务、没有宽敞空间、只开在小巷子内……”叙述完种种劣势，然后话锋一转：“但是我们的折扣很便宜。”后续广告强调，这些不便、简陋与低调，目的是将装潢、营销省下的钱回馈给消费者。如此替缺点找到最佳合理化理由，把一般人认为的严重缺点转化成有益的优点，这样一来，就算公开这些“缺点”又如何？

我认识一位非常厉害的室内设计师，她常捡便宜买人家嫌弃不要的房子，装潢好后再高价卖出。当这些房子还是“素颜”时，横梁、大柱就在眼前，一般人很讨厌这样压迫性的格局。但经过她的巧思设计，梁柱被向下延续成漂亮的装饰墙，大柱被左右伸展成有格调的隔间、屏风，房子“上妆”后整体感觉截然不同。她告诉我，“要不是这些破坏格局的梁柱，我还真不知道应该怎么设计才好呢？”真不知道是她改造了环境，还是环境改造了她。

一般人把缺点变成优点这种方式称为逆向操作，其实不管是顺向操作也好，逆向操作也罢，都跟当事人的心境转化大有关联。有创意的人，从来就不先把逆、顺放在第一位，而是考虑如何将手头有限资源转化成有利己方的形势。解决问题时，问题的主客观条件要改变几乎不可能，这时候能改变的，只有解题者的心态。唯有依赖解题者转个角度、换个方式，或是改变战略，用不一样的办法思考、解决这个问题，才能以最有效率的方式破解。

练习转化的方式

转化说起来容易做起来难，要完全掌握此技巧需要反复练习，花上几个星期、几个月才有可能办到。对于有比较丰富的社会历练和处事经验的读者来说，大脑中储存有大量的体会和体验记忆，学习速度比较快。为了加速这个过程，在本章中将会提供几种简单的练习方式，帮助读者在最短时间内认识和学习转化。但要留意的是，转化有两个方向，一个是正面，一个是负面，这两个方向就像海螺的开口，一边是出口，一边是内部的回旋空间。当启动正面转化时，就是转向海阔天空的开口，正面转化往往具有无限大的感染力、影响力与执行力。负面转化则恰恰相反，是向内钻进一个逐渐变窄的死胡同牛角尖，负面转化会让人意志消沉，做事完全提不起劲儿。关于转化，只要一直保持“往好的地方想”这种念头，总是能让人容易有所突破。

转化练习一：学习找出优点

不管是人、物、地点、状态……当我们嫌弃它的缺点时，负面力量就会不断诱导我们找出更多的缺点，越看越觉得恶心、讨厌。但当强迫自己去除有色眼镜，故意不看缺点、只看好的一面，再从其中挑出一项优点，哪怕就只有一项优点也足够，就有机会衍生出第二个、第三个、第四个优点。优点不断累积，自然会开始产生好感，唯有具备正向的好感，创意者才有动机和动力为它开始着想。

转化练习二：认清事实

有句名谚说：“生气是拿别人的过错惩罚自己。”更何况是“真有这么糟吗？”多数人在经过理性思考后都会同意，其实也没怎么惨，比这更惨的都遇过。在负面情绪的影响下，人们确实会产生愤怒、难过、绝望的心态，但这些对跳出困境不但一点帮助都没有，反而大有害处。如果想改变眼前的态势，就要趁早认清事实，优先把自己不足的、缺乏的项目找出来。

找到缺点，才有机会改掉缺点，如果进一步把这些缺点都改进了，还有什么好怕的呢？相反，自我感觉过于良好的人，并不会觉得自己有需要改变，当然就不会花时间转化，甚至嫌转化太浪费时间。

转化练习三：占到好的位置

看电影的时候，前面出现了一位高个子的观众，半边银幕都被他遮住了，这时候你会移到旁边的空位，请对方坐得低一点，还是把包塞垫在自己的座位上，立刻就可以长高5厘米？现实生活中，座位是可以挑的，为了看清前面的视野，换个座位最简单、容易。

这个技巧有一个关键，就是要能灵活运用“位置”这两个字的奇妙。“位置”包含着空间上、时间上、职位上、角度上、方式上的各种差异，不要拘泥字面上的“位置”。比如说品尝一道好菜，你要用什么方法评价这道菜的好坏呢？我们可以从很多角度当做评判标准，比如说从食客的角度（还分成饕客、上班族、菜篮族、学生等不同角度）、从材料学的角度、从营养学、美学、心理学、供货商、农夫、美食评论者、厨师、烹饪道具、预算、文化、设计、容器、吃的对象、期望值、地点、场合等“角度”当做观看的出发点。

在转化过程中你会发现有些情况的处理是你很在行的，有些则好像没办法扮演得恰到好处，不过这就是转化的正常现象。体会到自己擅长的角色，开发自己陌生的角色，就能慢慢增加转化的功力。

转化练习四：将心比心

当你听到年纪跟你有些差距（或是生长环境、背景有差异）的孩子、朋友、同事告诉你“你不懂！”是有道理的。生活背景不同产生的差距，容易出现沟通落差，要能明确体会别人的想法，就必须设身处地从他人角度看事情。当下属的，不妨从主管的角度看事情；当父母的，可以换位置想如果我自己是小孩，需求与问题有什么变化；业务员不妨假设自己是买家、客户，在心中模拟平常对话，测试一下自己服务到底有没有到位。

转化练习五：不要先下定论，甚至不要下定论

面对任何状况，切记不要未审先决，不要仅接收二手信息就下判断，不要替已知的、未知的事物贴上标签。不要相信事情只有一个理由，不要认为一次不行就是不行，不要把表面上的结论当成是真的结论。最好的办法，就是经常保持一个怀疑的心态，并且不断地问自己：“这是真的吗？真的只能这样吗？”

我们都知道，湖面的倒影常给人梦幻的美感，但是你能想象，一个不可能的地方，也可以拍出倒影吗？2011年是北京多雨的一年，通常下雨是不适合拍照的，但是一时过多排不尽的雨水，却让紫禁城里面原先的小广场变成了小水塘。许多位照相爱好者抓住了时机，就拍出了许多类似蜃楼倒影的宫楼景象。台北的知名景点中正纪念堂前面是一个大广场，这里地势较高、排水较好，更不可能拍出湖面倒影的照片。但是就在2012年初夏的一场暴雨，急速倾盆大雨将台北市多处街道淹得一塌糊涂，过量的雨水瞬间超过排水系统负荷，雨后短暂的几小时晴朗天气，给人提供了绝佳的拍摄机会。广场残存的积水，正好成了几位摄影师的最佳猎艳场，谁能料想到湖光倒影果真在中正纪念堂这最不可能出现的地方发生呢？

转化练习六：吹风机用途大

你知道吹风机有什么功能吗？回答吹干头发的人，可以得到10分。回答冬天起床后能够把凉衣服吹暖，多加5分。如果你知道吹风机在标签纸上吹个几分钟，会让你更容易、不留残胶地将其撕下，那么可以再给你加上20分。所以吹风机是三机一体、甚至八机一体的工具（Google一下，还可以发现更多用途），并不只是单一功能而已。同样，你的问题可能不是单一问题，解答也并非只有单一的答案。脑袋不要被既有印象给捆绑住了，这些定见会让你无法突破难关。

“这还可以用来做什么？”往往我们被地理位置、手头工具、命题范围、参考目标等限制，甚至受制于自身能力，这些因素的确都不容易突破。但是，当我们试图转化成另外一个角色，通过新的角色将自己变笨、变聪明、换职业、换身份，往往能够看出一些平常角色见不到的端倪。

转化练习七：多去体验不同人生

这没什么捷径，凡事多听、多问、多做就好了。旅行是一种很好体验人生的方式，但旅行是方法不是目的，旅行重要的是体验过程。因此，自己规划、问路、找到、发掘、互动这些过程，将是旅行最大的收获。

像是开罐头一样的旅行计划，从机场出发，一路住五星级饭店，游览车安排好，导游带路，然后再返回机场，这种旅程是无法真正达到体验的效果。掂量自己的能力，尽量让事情在意料之外，若能多与人接触最好，如果全部都是安排好的套装行程，就失去了体验的真谛。

我有几次到达旅游地才开始找“景点”的经验。因为如此，我才能在罗马郊区“发现”地下墓穴，还在那边接受一位香港神父的引导带路，在长达数十千米的地下参观。掂量自己的能力，尽可能创造不一样的旅游经验，会让自己的大脑积累更多不凡的创意因素。

实习转化的方式

在练习转化之前，我们必须静下心思，擦亮双眼，不对任何事物有预设成见，重新定义我们跟周遭万物的关系，不因为人家说这样、或者以前都是这样、也不因为它设计成那样就相信了。虽然这有一点点难度，但是多练习几次，就能将其灵活运用在生活上。

我之所以设计角色扮演的方式去改变人，最大的原因是每个人多少都有“演出狂热症”。在角色扮演过程中，演员会自动融入当下情景，变成剧本要求的人物。在演出中，自己或许对影响浑然不知，但事后会产生许多对自己有益的“后遗症”，像是更能掌握不同人物的思考逻辑、真实需求、了解情绪反应等。

在这个单元中设计有两项任务，都是生活中很容易找到的场景，可以让读者在现实生活中进行实地的角色扮演。角色扮演的意义，其实就是在训练每一位读者的转化技巧，之后不妨按照这样的方式，设计各式各样场景或是剧本磨炼自己。

演练一

扮演角色：善心人士

方式：先想象，你是世界上最有礼貌的人，你会礼让座位、帮人提行李、引导服务等做任何电影中绅士、淑女般的行为。

接着，穿着整齐搭乘地铁、火车、公车等大众捷运工具，以史上最大的礼貌程度对待每一个人。请在帮助别人时，务必双眼看着对方的眼睛，观察对方反应，并且在帮助人时面带浅浅的微笑。

任务目标：至少要做到让座、主动帮人提物品等服务。

观察：仔细看看别人脸部的反应。

写下你的演练日期与心得：

演练二

扮演角色：外国人或外地人

方式：先设计好一个地点，可能是商店、名胜古迹、车站等目标显眼、位置明确的地方，然后挑选距离该处约有10分钟路程的地方当做起始点。假装你是国外归来的华人（如果你外文好，选择当外国混血儿更棒），本身完全不熟悉路怎么走（装作看不懂中文也是一种选项）。

接着一路上，不断地询问路人该怎么走。（但请先编好自己的身份，如果没经验，建议你可以假装自小就搬去香港，现在住香港九龙或尖沙咀附近，回来拜访亲友等。或是装扮成印度尼西亚、新加坡、马来西亚华侨，这次回来是探亲等）

任务目标：抵达原先设计好的地点。

观察：别人帮助自己时，是不是得到成就感？

写下你的演练日期与心得：

在这些任务中，扮演什么角色就要像那个角色，关键是“融入其中”，如果能办到语气、神韵、服装等也经过设计就太棒了！用那样的生活方式去体验、去享受、去体会。就算是30分钟、1小时也好，用与自己平常的生活方式不同的形式过活，肯定会有全然不同的感受。如果对转化有兴趣，可以进一步扮演更多角色，比如记者、外商、大宗商品采购员、业务员、学生、老师、对商品有兴趣的人。尤其是最后一项“对商品有兴趣的人”，非常适合对销售产品有兴趣的创意者使用。我曾扮演过一个想买高档数码相机的人，设定身上预算是8000元人民币、对相机一无所知的生手，并在商场询问店员各种笨意见、傻问题，观察她们如何介绍、销售商品的。这些信息反过来，对于自己在设计营销组合、包装、销售和解决问题都派上很大的用场。

进阶练习：古镇探险家

道具：笔记本、笔、相机、录音机。

需要：3～4小时以上。手机只接听不拨打，最好将手机设成静音或震动。

装扮：穿着休闲，布鞋，带足量的水，简单干粮。

建议路径：城里的老街、巷弄、老城区、市郊、乡下地方。

目标：在这些比较乡下的地方，至少要找到五位当地居民，与他们聊天超过10分钟以上。通过聊天，了解到他们的工作、家庭、背景以及更多与对方有关的事。重点是多挖掘对方的故事，所以请不要一直说自己的丰功伟业。耐住性子用心听，用温和的眼神与对方四目交会，听故事是本练习的重点。

拜访3家以上的老商店（有特色的老店，开店超过10年以上），想办法找到老板或者是资深店员，询问这家店开店的时间，开店的故事，为什么要开这样的店，开了以后又发生些什么故事？如果有机会，在这家店里品尝或享受一下该店的服务，然后趁感觉犹新的时候，把这些感觉都记在笔记本里。

重点观察项目

物：街道、交通工具、建筑物、商品、道具、工具

人：长相、身形、穿着、打扮、配件、服装、走路的样子、行李

自然：天气、山水、景致、温度

无形：服务、文化、历史、故事、感觉、声音、气氛

写下你的演练日期与心得：

____

____

____

____

____

____

____

写下你的大创意：

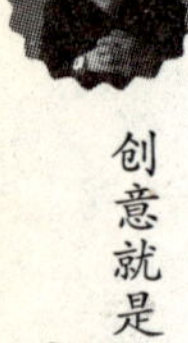

第三章

自觉　Self Awareness

“2010年最迫切需要的10种工作，在2004年还根本不存在。”

——美国前教育部长李察·莱利（Richard Riley）

初中时的施捷宜，学业成绩一直在全校排名倒数，她很腼腆地说，“要在全校成绩中找到我很简单，后面数过来很快就找到了。”

毕业后，她选择了餐饮学校继续念书，理由是这所学校里没有课本、没有考试，再也不必担心成绩倒数几名这件事。原本父母都很不看好的捷宜，只希望她毕业后能够顺利结婚生子就好，并没有什么过多的奢望。在高中期间，她迷上了做蛋糕，她开心地说：“在学校像是在玩，很开心。”和在课堂上一摸到书本就会昏睡的状态完全不一样，为了做出好料理，她常在学校熬夜赶工，和学弟学妹们常为了实验不同材料与分量会产生什么样的效果，弄到十一二点才从学校离开。

高三那年，捷宜代表台湾地区出赛，在巴黎获得料理比赛第三名，并受邀回到初中母校演讲时，获颁“最年轻的杰出校友”。她在台上对学弟学妹们说，“各位学弟学妹，成绩真的不重要，重要的是，你们要追求自己想要的……”我采访捷宜时她只有19岁，受聘于高中母校担任助教一职。

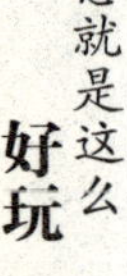

现代教育是工业时代的产物，为了让操作员快速熟悉机器并加入生产和工作行列，一套套有秩序、有系统的训练方法便应运而生。在清朝末年，中国开始引进新式教育，例如学习制造、铁路、钢铁、兵器、治病、驾驶等相关能力的学校。不论东方或西方世界，这段时间正享受着工业革命带来的果实，为了要加速生产过程，就必须更快、更有效率地传授学员使其具备某种技术能力，然后投入制造行列，扩大与复制生产线。在这样的要求下，训练出有操作能力、可立即工作的“工人”是最基本条件。事实上，英文“教育（education）”

的拉丁文ēducātiō就是孕育、培育、饲养的意思。

为了确保知识、技术转移过程中，能有一致性的质量管控，评定“教育”成果就相对重要。评定结果，等同于稽核“准工人”的工作水平，如果学生无法通过测验，自然表示无法肩负这一项工作。评定后来发展出前测、中测、后测的模式，即上课前对学习者的筛选，上课中对学生吸收能力的评估，以及结业前对授课内容的掌握度评估。一旦评测及格，等同于有资格成为“能运用特定技术之工人”。

教育的重点是过程

虽然教育理论不断在修正、改革，但是，改革速度似乎赶不上人类的演化。许多学校里看似充实的课程，当学生离开校园后，却派不上什么实际用场。真正社会需要的技能，有些是没办法产生制式课程，有些则是快到还来不及成为一门学科就又被淘汰了。比如说，多数人在初中、高中学到的生物、地理与历史课，进了社会后几乎没用到过。数学就更有趣了，除了加、减、乘、除四则运算外，其他如代数、多项式方程式、微积分就像压根不存在于这个世界上一样。

我在课堂上常拿这样的问题当脑筋急转弯来考学生：

◎非洲第二大河在哪里？

◎中国历史进入战国时代后，最早被秦国消灭的是哪一个国家？

◎任举三个有理数与无理数。

◎请问 sin30° 是多少？

尤其是最后这道题我考过不下百人，目前仅有一位中国大陆的博士能马上回答我“二分之一”。还有很多人会问我，sin是什么？又是谁出的新专辑吗？离开校园一阵子的多数人，想必也忘记什么是正弦了吧？离开校园再进入社会，除非是从事教学、工程和建筑之类的工作，我怀疑谁还会需要用到这些知识？

这样发牢骚，我并非指学校不应该教这些，更不是要废除这些学科、练习。我是要强调一点，教学技巧与学习方式会大大影响学习结果。

这些问题，大多数人都可以用背的方式把它们强记起来。非洲第二大河是刚果河，秦国最早消灭东周国，sin30°等于二分之一，无理数如$\sqrt{3}$、π、log3，有理数如1、5、200。但是，合上书本后过个几个月，你还会记得多少？或者我们把题目变一下，非洲第三大河呢？秦国消灭的第二个国家是哪一个？sin60° 是多少？π和log3谁比较大？靠着死记硬背的结果，脑筋依然是死的。

我们也可以换一个角度来思考这些问题：

◎文明多出自大河，但为什么非洲好像只有尼罗河有古文明？

◎如果你是秦朝执政者，秦国要怎么才能统一全国？

◎只知道两者距离，要怎么计算出大楼的高度？

◎无理数无法用分数表示，试说明无法用分数表示的原因？

当题目换成这样，这时候要“背”的已经不单单是一个答案，而是要理解一种想法。如果答案是某种理论、某种道理，那么这样的答案就可以解决更多问题。比如说，为什么非洲好像只有尼罗河有古文明？当你知道刚果河虽然是非洲第二长河、世界第十长河，流量丰沛远超过亚马孙河，水量排名全球第二。但是由于出海口是山脉地形，急流瀑布多，地势陡降难以行船，所以无法发展出港口文明。缺少这些基本要素，自然就无法构成文明形成的主客观条件。因此刚果河没有发展出高度文明。

答案都能够在网络上查到。但是要产生好问题，才是学习进步的关键。

如果过度把评定结果当成目标，那么学生在训练过程中，就会更加用心记忆训练流程，包括训练中要求背诵的内容、知识和步骤。短期来说，这样的过程当然就让学生学会了这项技术，如果设计得好，学习时间还可以缩短，让学习效率增大。

上高中时，为了顺利通过汽车驾驶执照考试，我报名参加过短期驾驶训练班。驾训班有跟监理所几乎一模一样的场地，各种相似的路考场景模拟，以及神准的笔试特训用以应付监理站的考试。短短的几周内，我就将交通安全规则背得滚瓜烂熟，连路考的口诀秘招都已熟记。比如说，如果路考考题是倒车入库，那么先将车子驶至路边停靠区，让汽车完全停住，这时候引擎盖上的右边第二条凸纹对齐路面标线箭头。将排挡移到倒车挡，然后轻踏油门缓慢倒车，移动时，头转右边留意是否过了柱子。看到柱子后，先左转方向盘一圈半，把车子退到“柱子与后视镜排成一线”的位置，然后右转方向盘一圈半，就这样掌握了考试的秘诀与快捷方式，考生只要熟练几遍一定能高分毕业，取得行车驾驶执照。但麻烦的是，这样毕业考出来的学生想要开车上路，那又完全是另外一回事。

考驾照是一个很好的例子，如果把评定当最终目标，很可能训练完后，就算是高分毕业，你还是什么都不会。因此问题并不是教育制度本身出了问题，而是教育的重点出现了偏差。

如果教育过度重视成绩，而不在乎过程，那么显然有很多科目可以依赖记忆力摆平。也就是说，既然目标是要成绩，那么只要花时间、有技巧地把答案背起来，成绩就会相对高分。接受这样的训练久了，会发生一种奇特的心理现象，我称之为“问题与答案必须组合的思考模式”。简单地说，就是接受这种教育的学生会相信，每个问题都有对应答案，每个答案都出自某个问题，这种问题与答案必须要成套存在，少一半就无法学习。最严重的地方倒不是问题该不该有答案，而是问题一定要有个标准答案，如果答案不标准，那么这个问题就不是好问题。这就像武侠小说中写的，剑客练习互相喂招，你来一横，我就这样一挡，然后你用剑斜劈，我这样跳过来横一剑。每一招都是天衣无缝的接合，式式需要双方的默契，过程美丽却不一定能临场实战。

“这不需要会，因为考试不会考”、“这问题超过范围了”、“没有标准答案吗？”、“这是数学课，别问我社会学的问题”、“抱歉，我没教过”，这就是先喂招再过招的下场，超过范围的招，没练就不必打了。然而一旦临敌又将如何？敌人肯定不会配合你的招，甚至还会多变化几个怪招来对付你。如此一来，你怎么才能打赢？

问题是日积月累后出现的，就像温水煮青蛙，当学生慢慢适应了温度，就不会觉得烫。久而久之，背诵过招的死记硬背成为学生时代脑力运作的主流，自我思考这件事就会被大脑放在一边，能力慢慢就被削减、衰退。

长期接受这样的喂招训练，虽然大脑中有很多解题方法，但是由于题目与答案是一一对应的，只要题目超出范围，就无法解决。这种过招教育就像饮鸩止渴，为求好成绩而努力拼命，但却忽略了教育的目标与本质。就如同背诵口诀去考驾照，考下来驾照并不算什么，真正要紧的是要学会能开车上路！学习真正重要的是过程、是在过程中的所有体验，只要懂得融会贯通的道理，就能应付各种衍生难题。

学校不教你东西，而是你该去学东西

最近这两年间，我针对大学生、社会人士做过一项小调查，题目是“大学四年里，在学校学到些什么是进入社会必要的知识与技能”。大多数人给我的答案是“没有”，一位应届毕业生甚至告诉我，“今年我在学校发的问卷上，全部都勾没有学到东西那一项”。当我进一步问起，“那么你为什么不趁早转系呢？”答案竟然是：“其他科系还不都一样？”

学校完全没有给学生任何东西，这我是不相信的。而且我相信，现在学校给学生的，未必体现在单一学科或课堂上，也未必是通过传统“教”的形式。

某校的法律系学生，修了同校的管理学，在每次的课堂发言中，都有超群的表现。他的组织能力很高，举的案例（他是学法律的，自然有很多案例）都能够充分呈现管理课程的内容，再加上有条理的前因后果剖析，无懈可击的推演，漂亮中肯的结论。有老师甚至说，“我这一辈子没看过这么好、这么真实的案例分析，真的是太精彩了！”

某位学生从机械系转修艺术，在实作课程中，将动态机械零件大量使用在作品里。该校自创校以来，大家都处于看着作品、想象着振翅飞翔的状况，这些作品很难跳出框架，也无法在形式上做重大突破。讲求精密与细节的这位同学，设计出专门用于装置艺术品的第一个互动装置，短短一个学期就把学校提升到艺术品也会动的地步。有些老师推测，从其他科系转来搞艺术的学生，说不定跟这位学生一样更能产生创意。

以我自己在学校的经验，现在的学校老师面对信手就可拈来的普及信息，要说真能“教”学生什么新的、大家不知道的秘诀，或许越来越难，但是不要紧，目前的学校用以提供“学”的环境却绰绰有余。上面两个例子中，学校不就提供了一个很大的舞台，让学生上台表演，自我体验并摸索适合的角色。而这两位学生也很争气，尽情地上场发挥，还摸出了新的门道，这正是拜学校丰富的资源所赐。

在这个“学”的环境中，学生们未必仅仅是从由课本上学到知识，反而是通过找数据、写报告、上台简报等，得到了许多搜寻、整理和表达的机会。很多学生活跃于社团，积极参加校外活动，增添自己的社会经验。这些点点滴滴的学习，累积起来的威力十分惊人。

消极点儿说，学校其实无法教你太多。从古到今，想要完全依赖老师来复制学生这件事，除非要把学生当成机械化的人偶，像塑料模具一样被压制成一个样，否则是不可能成功的。所谓师父领进门，修行靠个人。老师肩负着启发、引导的工作，剩下的就完全要依赖学生自己。

趁早启动自觉基因

面对千变万化的未来，你要学的是如何产生不同的招式，以面对各种可能的攻击，而不是死记硬背几样招式。这一切的开始，则起始于你能不能办到“自觉”这件事。

自觉就是自我感觉。我们常听到说某人“自我感觉良好”，这是表示某个人自觉没什么问题，觉得自己一切都处于极佳状态，但实际上这个人差劲儿到了极点，差劲儿到自己竟然不知道自己很差劲儿。相反地，一个正常人应该时时“自我感觉不好”，表示自己是对任何事都保持怀疑态度，总是觉得每样事都需要改进或增强。

一个人要在高中之前达到完全自觉的地步并不容易，原因是体验机会太少、知识含量不够、生活素养还没到位。有些人认为，想要达到自觉的境界势必通过某种特殊体验诱发，比如说打击、创伤、领悟或觉悟，才有机会干扰心性，让心智进行跃升性质的变化。也有人提出不同的见解，认为自觉依赖广泛的阅读、充足的体验，有了这些基础，才有机会让自觉的种子发芽、茁壮。还有一些说法是关于自觉依赖心智年龄的彻底发育，生活素养与品格道德较高的人，自然更容易获得自觉。姑且不论哪一种方式才是最好的培养方式，这里我们先分析一下，自觉应该包含哪几个层面。

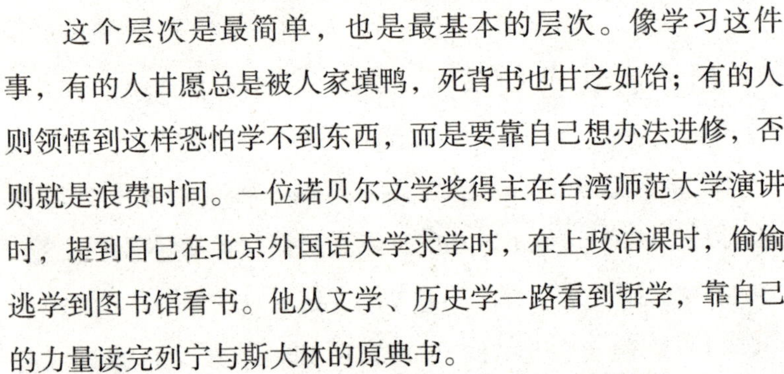

一、自我有所认知，进而凡事自动、主动

这个层次是最简单，也是最基本的层次。像学习这件事，有的人甘愿总是被人家填鸭，死背书也甘之如饴；有的人则领悟到这样恐怕学不到东西，而是要靠自己想办法进修，否则就是浪费时间。一位诺贝尔文学奖得主在台湾师范大学演讲时，提到自己在北京外国语大学求学时，在上政治课时，偷偷逃学到图书馆看书。他从文学、历史学一路看到哲学，靠自己的力量读完列宁与斯大林的原典书。

我自己在高中时也有很类似的经验。上物理课时，我突然体悟到课本写的是一个大框架而已，整个高中物理课程包罗万象根本无法学得深，每一个大项目只能都是点到为止。如果要细究其中的奥妙，就非要挑一个单元来细读（比如说光学或者是流体力学），才有可能把一项学问做好。

有一次，我在图书馆找到了一篇关于激光原理的文章（那时候激光应用还没有商业化），觉得这项发明真的是太伟大了，于是想在家中造一台激光机器。就依照设计图样搞了好几周的时间，用尽了父亲送给我的许多透镜、菱镜和反射镜，但仍旧没有办法造出一台激光。后来才知道，激光中的红宝石棒需要打磨两面平行，并且两端一面要用全反射镜，阻止光线穿过。另外一面要能控制让少量激光光线通过，而大部分激光光线仍继续在其中反射。前者用玻璃还可以替代，但后者这种控制光线进出的薄膜我没能力制造。

参与实验的这种感觉很奇妙，因为你会发觉自己的领悟突然超越同侪很多，课本里面两百多年前菲涅耳（Augustin-Jean Fresnel）的双面镜试验，与你的研究相比就如小孩玩具般简单。通过这样的心灵震撼，自我醒悟将激起更强的学习动机。这种感觉就像病毒一般，会在大脑中不断被激发、再造，随时酝酿下一步的自我超越。

比如说，你找一本适合自己水平的书阅读，会在其中找到一些感想与体悟。然后再挑战艰深一点的，再调高一点，再调高一点，直到你觉得无法应付为止。在过程中，你就会体验到成长的快感。彼得·圣吉（Peter Senge）在《必要的革命》一书中提到，许多企业肩负建构永续社会的责任，然而对初学者来说，里面充满较为艰深的说法与用词，首次接触会有点难度。但假设你按照这样的阅读方法，先读贾德·戴蒙（Jared Diamond）针对人类破坏地球环境的巨作《大崩坏》。接着看戴维·伯恩斯坦（David Bornstein）所写的《志工企业家》。最后再读过彼得·圣吉写的另一本好书《第五项修炼》。当你完成这一系列阅读后，这时候再看《必要的革命》，感触肯定非常不一样。

为了求得生存，人类大脑的本质是渴望不断学习和接受刺激的，就像是吸水海绵一样，人类对新知识的饥渴程度同样非常高。但是启动这个机制仍需要一个触发因素。这个机制需要跳出原先框架，如果我们能在框架外尝到一点甜头，就有机会启动整个自动循环。想要改变自己行为上的认知，进而启动凡事自动、主动的机制，那么自己就必须先在原先行为与标准上追求某些突破，再从原先的程度不断往上精进和提升。

面包师傅想做出更蓬松和有弹性的面包、材料学家想找出更轻巧的材料、创意者想挤出更优越的点子、设计师想规划出更能节省电力的系统、营销者想找出吸引更多消费者的广告模式等，这些都是在刺激自己超越自我、向上提升。这些提升，会帮助自己转变成为对“变得更好”感到贪心，是个人因主动而直接获得实质好处而激起的变化，这就是最简单层次的自觉。

二、自己内在有所觉察和领悟

抱怨是最快速的解决方法，因为你只要伸出一只手，指着对方骂，数落对方的缺点就好了。其实，我们可以试着用另外一种方式，也就是先估计自己的能力再开口，如果自己做得到，就提出建议；如果自己都办不到，就闭上尊口，停止抱怨。

俄国大文豪托尔斯泰（Лев Николаевич Толстой）曾说：“大多数的人想改造这个世界，但是却没有人想改造自己。”

有一次在下课前，我请同学们回家想一下，影响自己最大的一句话是什么，请隔周带来课堂上分享。我估计在这一周的时间内，大家通过反思与回顾，一定会朝几个方向发展。第一是有些话确实曾影响过自己，而当时没有这么大的体会，随着年岁渐长，感觉变得越来越强烈，这句话也就实至名归成了“影响自己最大的一句话”。其次是感性一派的同学，平时看转寄的电子邮件经常被感动，当下便感触非凡。可是日子一久，太多感动却也不记得是哪些话，刚好可以通过这一周去翻旧信回顾。最后，是平常并没有什么印象是哪些话影响自己最大，所以只好翻书上网，看看有没有答案适合自己。不过在查找名言佳句时，总会出现几条与自己最对味的名言佳句，然后惊呼，没错！这句就是影响我最深的话。

隔周上课时，同学们带来“影响自己最大的一句话”非常多元，有些是书里读到的，有些则是曾经听过的对白或是故事，但是每一句话，都象征自己努力迈向完美人生的过程中，自己已有或尚未有的一些能力。

大学生的话中包含较多的梦与理想，他们说：

每个人会的东西，比你自己想象中的还要会更多。（不要小看自己）

Keep going, keep doing.

我想用教育改变世界。

不要停。

比较有社会经验的同学有很多体会、感悟的成分，他们说：

不怕没机会，只怕没准备。

放弃感动的人，有如行尸走肉。

行得正，做得稳。

严于律己，宽以待人。

态度决定高度。

活在当下。

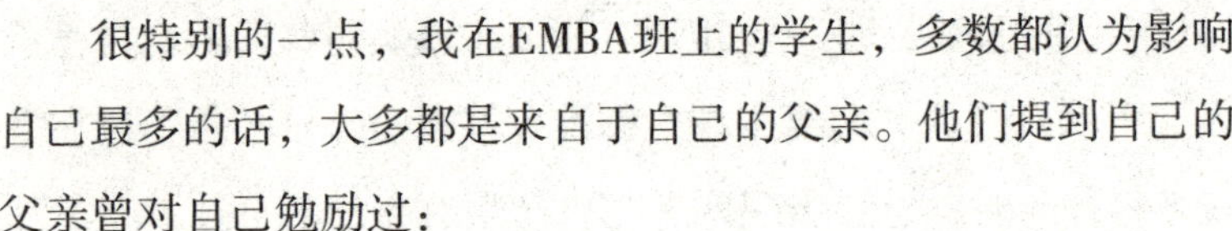

很特别的一点，我在EMBA班上的学生，多数都认为影响自己最多的话，大多都是来自于自己的父亲。他们提到自己的父亲曾对自己勉励过：

笨鸟先飞。

再好的一台车，少了方向盘，哪儿都去不了。

Just make（比喻凡事“刚刚好”就好）

我们的眼中，虽然既看得到各种绚丽景象、千变万化的过程，也能观察许多细微改变，或是整体的局势，但是众人的双眼，却很难看得到自己。当我们用自己犀利的眼神转而审视自身毛病时，用更严苛的标准要求自己，就更接近内在的醒悟。

这个反思“影响自己最大的一句话”过程，是我们自己体悟到“我确实因为这些话而改变”。在思考的当下，会先承认自己并非这么完美，但又对未来的完美充满高度信心。

不过这种一时的感触，无法维持很久。因为工作、家庭、金钱、压力，当这些猛然出现在眼前时，你就面临选择，你会面临必须忍痛放下、丢下其中一些你喜欢的或是你重视的部分。有几次我对在职班进修同学做过一些非正式的调查，关于“目前生活上带给你最大的困扰”这一项，在没有暗示之下的回答：“如何兼顾家庭事业与学业”一直是排行榜上第一名。有了好的名言佳句加持，并不能给我们方向。想要拥有自觉，要能自由自在地徜徉在梦想与理念之中，你还需要多替自己做一番心理建设。我们需要一条不太容易被外在改变的“原则”，能随时提醒我们方向，我姑且称其为我们自己的“宪法”。

为了巩固自觉的力量，我们必须拟定自己的“宪法”，让自己无论往哪边走，迷路后都找得到家。要拟定“宪法”听起来很难，其实方法很简单。

每个人经过社会化后，多少都会留有一些不自觉的习惯、秉性，可能一时之间无法察觉，但是面临抉择时这些东西就会冒出来。最常见影响抉择的有事业、家庭、配偶、子女、朋友、自己、金钱、权力、名声、宗教、竞争者。比如说，“老板要求你下个月到美国出差，三个月后才能回北京”。你会如何答复你的老板？事业心强的用力拍拍胸脯，大声说没问题，马上出发。家庭心强的，会要求别被外派，或是缩短行程。金钱为主的会要求先看待遇，然后再做决定。重权力的会先布局自己的人马，再要求负责项目层次能否提高这些受外在环境因素所牵动的自己，让自己就像墙头上的草，风吹向哪就往哪边摆动，完全被动地受制于人、事、环境。

自己的“宪法”就是先定出我要做什么样的人，不再受其他因素所干扰。“宪法”是以不太变动的原则为基准，而非外在多变的环境。如果把人生比喻成一张地图，那么自己的宪法就如同你的罗盘，不管外面是风是雨，是沙漠是平原，罗盘总是能固定地朝向一个方向。

原则必然是正面的、符合道德标准的，并且是经过思考，10年、20年，甚至100年、1000年都能适用的。原则是办得到的，有部分你早就已经奉行不渝。原则是可以不受任何事影响的，事业、家庭、配偶、子女、朋友、自己、金钱、权力、名声、宗教、竞争者，等因素都不会改变你的原则。

我的一些学生，他们是这样拟定“宪法“的：

我要做一个勇敢的人，面对各种危险，我都会认真面对，用尽我的能力去解决。

我要做一个爱护家人、保护家人的人。

我希望带给每一个人欢乐，而我自己也要常保欢乐。

我希望能有智慧，用谨慎又细心的态度解决每一个问题。

我会尊重每一个人。

我要做一个诚实的人。

我希望上天给我力量，让我有勇气面对挑战。

这些“宪法”要多少条由自己决定，拟定完成后，最好把它们亲手抄写下来，贴在自己的案头前。拿张好一点的纸亲手写，会增加更强的约束力，时时看见则能砥砺自己。如果以后有新的想法，自己随时增添或是删改。

有了这些原则，就要努力去实践。你要坚持你的原则，从生活、举止、态度、谈吐、行动全部贯穿，让周遭的每一个人都不怀疑你就是自我“宪法”中描述的样貌。

有了这些原则，做事会有什么不一样？

同样的案例，老板要求你下个月到美国出差，三个月后才能回北京。你会如何答复他？当你的原则是“我要做一个爱护家人、保护家人的人”。你就会优先考虑家人的感受，要求给一点时间先回家讨论一下。当你一向是一个“我要做一个爱护家人、保护家人的人”，你在平日就会积极展现出这样的行为，一旦要面临选择，老板知道你是这样的人，自然不会太刁难你。如果你平常就爱护家人，而家人也都能感受到你的信念，就算真的非去不可，家人也肯定会支持你的决定，跟你一同渡过任何难关。

三、自觉即内在自我发现、外在创新的自我解放意识

各种生物都有所谓的舒适圈，在这个圈子里，生物们极度适应那种温度、气候、土壤和生存模式，除非更大诱因，否则很难将他们强行迁走。人类当然也不例外，生活有所谓的舒适圈，人们偏好在同文同种的社会中生活；工作也有舒适圈，在某个部门已经得心应手，要再换部门总是让人意愿不高。不过太过安定的舒适圈会消磨斗志，长此以往下去，很多能力都逐渐消退。

主要不是你自己变不变，大环境总会逼得你去改变。既然环境变化是事实，抗拒它还不如去面对它。我们的年纪会变化，希望体力总是要跟以前一样，是不可能的。竞争者的产品、服务和招数会变化，所以要用跟以前的方法一样对抗，

也是不可能的。社会科技变化得更快，消费模式、技术运用，每隔一阵子就会大洗牌，想要用一成不变的模式运作，更是不可能的。

当我们的心态有了思想上的准备，从习惯追求更好，进化到以原则决定做事方法，慢慢就会发现，自己生活的目标应该是去应付变动的环境，并从中找到最佳策略。向内，自我盘点能力，发现优势、补足弱点；对外，吸收新知，包容各种变化。唯有这样，才能够做到不管别人怎么变，而能够在变化中如鱼得水，悠游自在。

在这个阶段中，我们将会体悟到，人不是一个人独自成长，而是与世界共生并存的。每个人在这个世界上，都是通过互动慢慢进化、发展自觉的。我们每个人都至少有五种砥砺自己不断前进的基石。

◎ 父母

从父母的身上，我们体会与学习到无私的爱。我们与父母间彼此的关怀不带有任何的利益，既没利害关系，也不会相互利用。你可以任意耍赖，最终都可以获得谅解。犯的大小过错，父母总是会看到你最善良的一面。从父母的角度看，我们是他们一生的责任也是义务；从孩子的眼光看父母，那是无可取代的温暖来源，也是自己“本善”的原始发源地。

◎ 朋友

从朋友身上，我们学到热情的支持。朋友是一股力量来源，你可能会无助、彷徨、担心、感伤，朋友是最能帮你化解并扶持你向前的动力。好朋友像是镜子，从中反射出自己的身影，在告诫与提示中，朋友总能扮演生命中的明灯，替我们照路、前行。一辈子难能可贵的朋友是说实话的朋友，是凡事指正你给你建议的朋友，是不嫌不弃无论你官大官小、是贫是贵都用同样态度对待你的人。

◎ 老师

老师是每个人生命中的伯乐，能帮助我们找到自己的路。老师用引导的方式，提供学生最佳、最适合的学习方式。老师指的未必都是学校的老师，拥有比较资深经验的人都是我们的老师；老师年纪也未必比我们大，只要能从他那里学到东西，都能够尊称为老师。老师不但有渊博的知识，在人生道路上度化人、指点迷津，更有热情与雅量允许我们大胆求教。好的老师并非一味灌输我们知识、强迫我们在思想上、言行上变得与他们一模一样，相反地，他们会帮我们找到最适合自己的样子。好老师带我们进入新的领域，开阔我们的视野，诱发我们的潜力并适时提供意见。

◎ 同事

同事是一群因为共同奋斗目标而聚集的伙伴，彼此有一致的理想，有接近的梦。好同事就像兄弟、手足一样，而且同事相处时间很长，有时甚至超越陪伴家人的时间数倍以上，可能比你父母、配偶都更清楚你的大小事。正因为在一起时间久了，又恰巧是共聚在发挥个人能力的职场，彼此都会摸清对方脾气，深知各自的长短处、优劣点。同事间的相处，靠的是互助，那让我们学习到如何与人相处、如何齐心团结，靠着团队成员间取长补短，才能把每一次的任务顺利完成。

◎ 夫妻

世界上任何两个人的个性、习惯、生活方式很难完全相同，一旦机缘具足结合后，夫妻便走进了共修的世界。共修当然意味着一起修行、追求美丽人生。但我认为，我们不必过度美化这个过程，共修的步骤其实跟“共同修理对方”没什么两样。但你要认命，当初可不是别人逼你嫁、迫你娶，而都是出自真心情愿的。夫妻相处之间，难免有小摩擦、小难关，这时候，需要更多的耐心与爱心，不求回报地付出，难关难过总是可以一关一关地过。摸索对方的好、体谅对方的恶，经营感情没什么快捷方式。这一条路上，我们会学到谦让、包容以及共享。

◎ 子女

我们都被父母照料过，体验过那种无私的爱。然而终极的修炼将在你有自己的小孩后发生。子女是从出生便积极修理你的人，你要用十倍、百倍的耐心，去面对一个不太讲理的家伙。孩子在年幼时不会自我管理、不会说话、做事没什么道理；长大后，自己有自己的想法和主张，用尽你全力相劝也未必有什么效果，不过你终能体会到，什么是无私的付出。其实有一句话说得好，父母是弓，孩子是箭，你只能尽力瞄准靶心，剩下的你就都管不着了。

自觉为什么重要

美国前教育部长李察·莱利（Richard Riley）曾说过“2010年最迫切需要的十种工作，在2004年根本还不存在。”这意味着许多人在学校里学到的东西，在还没毕业前，就有可能已经是老古董了。学会并体验到“学习很重要”这件事，远比“记的知识”来得重要。知识也未必只是课本上的字句、结论、公式，真正的知识是一套帮助你“解决问题”的方法，通过学习过程，课堂上发生的思考、操作、讨论、发表、争辩都是学习中的重要步骤。这些软知识的价值，甚至比硬知识本身还重要。

出了社会，自觉来自于经验的积累，同时也是自我能力开发的成功展现。自觉后的你，会对不断变化的世界有进一步体认，也能体会到只要跟着变化，就不会被变化打倒。自觉会对自己的亲人、同事、朋友产生涟漪，因为你知道，不断变化会让事情有各种实现的可能，过早否决同事、朋友们的奇想，损失的一定是自己。

今天不可能，未必明天办不到；昨天还被笑为天方夜谭的事，今天兴许就有了实践的机会。

自觉能打开自己接受新事物的能力，自觉能改变自己看待事物的角度。太多的发明、创意、好点子、怪想法，都是因为创意者修炼了“自觉”这一项能力，因此有了不一样的视角。

俗话说，“思想决定行动，行动决定习惯，习惯决定品德，品德决定命运。”若想要有好的结果，自觉经常扮演重要的地位。亚里士多德也说：“人的行为总是一再重复。因此卓越不是单一的行动，而是习惯。”一旦养成习惯，这项技能就真正属于你了。所以，请把自觉当成自己的好习惯吧。

写下你的大创意：

____

____

____

____

____

____

____

____

____

____

____

____

____

____

____

____

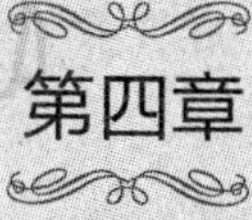

第四章

混乱　Chaos

创新不是由逻辑思维带来的，尽管最后的成果需要一个符合逻辑的结构[①]。

——爱因斯坦

从错误中比从混乱中易于发现真理。

——培根

没有一颗悸动的心，就不会诞生出闪烁的星。[②]

——尼采

① Innovation is not the product of logical thought, even though the final product is tied to a structure.

② You need chaos in your soul to give birth to a dancing star.

在进入正文之前，首先回顾一下上学时所学过的生物课程。地球上的生物大致有两种繁殖后代的方式，一种是无性生殖，另一种是有性生殖。顾名思义，无性生殖的过程中没有性行为发生，后代是由母体细胞分裂成二，所以下一代会长得跟自己一模一样。这种生殖方式是倍数成长，繁殖条件简单，只需要单一细胞便可完成，复制速度快，后代数量庞大，像是病毒、细菌或者是一些原生生物都是这样的繁殖模式。

有性生殖比较特别，过程需要异性生物各一，各自拿出一半的遗传物质DNA加以配对，通过相对漫长与复杂的手续才能诞生一个后代。由于后代是“混合”父与母的DNA，所以产生的后代有多样性，外貌与表现很难与父母一模一样。像人类、猫、狗、鱼、大多数的昆虫等都是这样繁殖的。

进入DNA的微观世界后，这一切就清楚多了。地球生物控制自己外观、长像、机能、架构的核心遗传物质，称之为DNA。DNA是成对存在的，很像一条长拉链，当任何生物想要复制自己的细胞时，“拉链”就会解开成两个半条“拉链”。接着，神奇的事发生了，身体内的小帮手会协助找材料把两个半条“拉链”补起来，这样原先一条“拉链”，先是变成两个半条“拉链”，然后被补满成为两条完整“拉链”。

地球上的生物都是通过DNA分裂复制的，而DNA这种每次留一半当模板用于复制的方式，称之为半保留模式（semi conservative model）。只不过在无性生殖过程中，就是单纯的自体复制，成对的DNA进行成对的复制；有性生殖，就是由父母各提供半条“拉链”，再组合而成一对DNA。

这样的复制过程中，偶尔会发生错误，然而生物体内有很精妙的修补程序，可以确保将过程中的误差降到最低。但是尽管如此，生物还是会发生“突变”。以人类为例，我们细胞中DNA复制的错误率大约是百亿分之一，这数字少得让人听起来几乎没什么大毛病。但我们可以计算一下，一个人身上约有10^{14}个细胞（1后面有14个0），一生中每个细胞约经历10^{16}次的复制，累积起来，就算修补能力再精密的话，当我们老的时候，身上还是会累积五万个左右（10^5~10^6）的DNA突变。根据专家的研究，由于这些突变会造成复制出的DNA变异，以DNA为蓝图制造出的蛋白质连带会发生功能上的突变，而这些变异产生的突变蛋白质，或许就是许多癌症、怪病、老年病等多种疾病发生的原因。

是因为人类的DNA太长了，所以容易发生变异？答案是刚好相反。大自然非常巧妙地进行了一个安排：细菌的DNA虽然很短，但相对较复杂的生物而言，它们的DNA复制速度非常快。也正是因为太快，出错的几率反而更高。以大肠埃希菌为例，错误率约百万分之一，比人类的百亿分之一要高太多了。而且这些小生物，不但是复制中出错率高，如果环境异常变化，也会加速刺激它们发生变异。

照理说，生物演化在地球上已经历35亿年了，应该会有一套精密的除错、防呆系统才对，然而从细菌一直到较复杂的哺乳类，怎么还会有这么多的变异呢？

最近的研究显示，真是大出意料之外，因为就连“出错”都是演化来的。

突变是一种保护

早期的地球是一个环境很不稳定的星球，33亿年前，地球上还没有氧气，气候非常极端；大约在9亿年前，当时地球上的一年不是365天，而是481天，一天也不是现在的24小时，而是约18小时。在大陆板块不断漂移的情况下，经常有火山爆发与地震，然后发生长达数亿年的冰河时期。约5亿年前，地球终于进入稳定的阶段，这也就是地质学上的寒武纪，也是在此时地球上有大规模多元物种爆炸性的出现。

从5亿年前迄今至少发生过五次生物大灭绝，从数次大灭绝事件来看，地球虽然变化逐渐减缓，但是仍然偶尔会出现冰河时期、地质变化或是外来的巨大陨石袭击。这些改变地球温度、气候、空气、生活环境的因素又称为地球杀手，为生物生存带来巨大的危机。

为了应付这些变化，生物演化出一种以万变应万变的方式，那就是大量产生怪异的变种，而这种变种跟一般现存的生物差异很小，平常生存没什么问题，但只要遇上怪环境或是特殊状况，这些“怪胎”马上会变成主流。假设一下，原本存在的生物习惯于无氧的环境（早期的地球就是如此），万一突然产生了氧气，生物岂不全都灭绝了？但是这一批无氧生物，势必早就演化出有氧也能活下去的机制，或者还有更多的怪异绝招，等到机会来临，马上就派上用场。现在在地球超级恶劣的环境中，确实存有这些“怪胎”，像是能在高温下存活的温泉细菌、没有氧气也能生存的厌氧菌、在高压中也能生活的深海鱼或者是在冰天雪地也能存活的北极熊。

不过，这一理论说服人的基础，在于环境变化是逐步发生的，生物总是有时间用小幅度突变去适应。就好像下棋一样，生物演化出各种功能的棋子，预先行进到各种位置以应付老天爷可能出招的各种难题。

最让人感到好奇的一点是，生物这微小的突变几率，刚好介于发生危险与抵抗环境变化的绝妙组合。演化似乎察觉到太过激烈的突变，会无法适应当下环境，更不利于长远发展；但是太过保守，拒绝产生变异去抗衡的举动，最终会导致全盘皆输的惨剧。也就是说，生物在演化过程中，故意加入了一种变量，这种变量让生物得以应付各种变化多端的环境。这跟我们看到的精密机械刚好相反，机械要求的是一致性，将错误率控制到最小，甚至不要错误发生。然而生物却有系统、有条件地鼓励“出错”，这些“出错”会让生物系统更加稳定。听起来很怪，不是吗？“出错”是演化非常重要的机制，其实在所有的生物系统里，到处都有相同的“出错”机制，包括产生创意也是“出错”的成果。

噪声的重要

在往下阅读之前，请读者先回答这样一个问题：“说到绿色，你会联想到什么？”别跳过。快！给一个答案吧。在稍后的内容，我会告诉你这一问题的用意是什么。

如果说突变是生物的长期策略，那么大脑的神秘结构恐怕就是短期应急的方略。柏克莱大学心理学教授的莎兰·纳梅丝为了研究人类接收噪声的重要，她设计了一个有趣的实验。首先，她准备许多色彩丰富的幻灯片让受测者观看，然后再给受测者一系列的色卡，同时问受测者在看到纯色色卡后，会联想到什么东西。这一过程跟我们刚刚做得很像，“说到绿色，你会联想到什么？”

为了了解人类的大脑是如何运作联想这件事，纳梅丝教授在街头随机找了100人进行测试，当受测者看到绿色卡时，约有40%的人会回答绿草、大树等看起来绿色的东西，另外40%的人，则会回答红、黄、蓝、白等其他颜色。这80%的人，几乎都可以被预测，他们的答案都与颜色有关。但是诡异的是另外20%的人，回答了湖泊、孤独等与颜色不太有关系或者是根本无关的答案。这是怎么一回事？

首先，测试结果证明了人类的思考有可能被预测。这项实验告诉我们，如果经过精密的设计，人们会在不知不觉中说出暗示下的话。如果你是一位营销创意者，听到这个部分想必会很兴奋吧？但是同时，这也揭露了有20%的人，并不按常理出牌。他们的脑子偏好出格，总是思考到框架之外。这20%的人，能够联想到超过颜色视觉本身的意义，而直接进入延伸含义。比如说蓝色视觉是天空、水的涵义，但是延伸的含义里，则代表忧虑、自由等意境。

我很好奇的是，这一实验结果，是否“20%的人”总是出现在同样的20人中？答案的可能之一，在人群中，创意随机的是每个人都有爆冲火花的机会，但是几率是20%。可能之二，在人群中有20%的人有创意，而其他80%的人相对来说没有创意。可能之三，虽然当下可能没有创意，但是经过某些刺激，其实每个人都有爆冲创意火花的机会；也就是说，创意是可以被训练的。

于是我自己也设计了类似的实验，让同一组人在不同时间点接受同样的试验，在前后对照之下发现，除了上述“可能之二”不成立外，其他都有可能。比较没有创意、没有点子的同学，通过训练确实可以增加爆冲火花的机会，如果要再增强提升爆冲火花，只要让同学组成团体即可。如果想把火花产生几率提到最高，可以设计竞赛活动，让同学们互相竞争，这时候产生的创意速度最快质量也最好。还不满意？想制造出更大量的创意，那就请让这个团队产生噪声吧！如果团队人数够多，比如说5个人，按理论至少会有一位是初始不安定分子。这位不安定分子会产生噪声，如果负责小组的组长任其发挥，那么其他几个人也会一起发生共鸣。

在一堂用“玩具工厂”玩出创意的课中，我让每5个人组成一个小组，每一个小组里，选出一位组长。“玩具工厂”的使命，是在3小时内，用事先规划好的流程，设计并实际生产出一个玩具模型（还包括使用手册与上市营销策略），再让其他小组的伙伴进行互评的创意训练法。我们在活动中观察比较有想法、有活力的组员，并用实际成果判断哪一组的创意比较好。结果显示，一个小组里面只要有一个“噪声”，整组人的胆量都会变大，开始做出让人咂舌的作品。如果组长加以引导，“噪声”会相互感染，不断爆发出更多的“噪声”，这时候出现的作品不但实用性高，就连相关配套活动都想得很全面、清楚。

对象	能够产生创意火花的层次
一般未受过训练的个人	■
一般受过训练的个人	 ■■■
未受过训练的团队	■■■■
受过训练的团队／有“噪声”的团队	■■■■■■
受过训练的团队／鼓励“噪声”的团队	 ■■■■■■■■■■■■■■■

混乱又不太混乱的场合

不知道各位是在什么样的状况下产生创意的，但在某些特殊的时刻，我如果不是在嘈杂的星巴克咖啡、麦当劳里面写东西，就一个字都写不出来。

说实在的，星巴克、麦当劳是一个挺糟糕的环境，座位很硬、旁边的人有时很吵，夏天的时候，强烈太阳光造成屏幕反光，要眯着眼用力看屏幕才行。冬天的时候，则要多带件外套，才能抵御寒风刺骨的天气。相反地，图书馆很安静，很舒服，有些椅子甚至还是专门依据人体工学所设计，但诡异的是，我一上图书馆就想打盹。以前我搞不懂，为什么只能在星巴克、麦当劳这样的环境，才有助于创意的激发。后来认识了哈沃德·加德纳（Howard Gardner）的多元智能理论（Theory of Multiple Intelligences）以及学习风格理论（Learning style Theory）后，我才意识到真正的原因可能有多复杂。

关于大脑表现的多元智能理论

多元智能理论是由美国哈佛大学教育研究院的心理发展学家加德纳教授在1983年提出的。他认为过去对智力的定义过于狭隘，度量的标准过度集中某几种特定学科、不够全面，未能正确反映一个人的真实能力。他提出一种见解，认为人的智力应该是一种量度自我解决问题能力的指标。根据这样的定义，他在1983年出版的《心智的架构（Frames of Mind）》一书中提出，人类的智能至少可以分成七个范畴，包括语文（Linguistic）、逻辑（Logical-mathematical）、空间（Spatial）、体觉（Bodily-kinesthetic）、音乐（Musical）、人际（Interpersonal）、内省（Intrapersonal）。1999年加德纳教授做了补充，又增加了第八项自然探索（Naturalistic）。简单将各项智能特色说明如下。

◎ 语文智能

包括说话、阅读、书写的能力，是人对语言、文字的掌握和灵活运用的能力。这类智能较高者擅长用语言及文字来思考，喜欢从事与文字游戏、说话、表达、阅读、讨论和写作相关的工作。

◎ 逻辑数学智能

对逻辑结构关系的理解、推理、思维表达的能力。这类智能较高者擅长靠推理进行思考，喜欢提出问题并设计试验以寻求答案，寻找事物的规律及逻辑顺序，对事物的新发展有兴趣。喜欢从事与数字有关的工作，特别是需要运用量化和推理的内容。

◎ 空间智能

认识环境、辨别方向的能力，包括对色彩、形状、空间位置等因素的准确感和表达力，偏好用意象及图像思考。空间智能强的人对视觉、呈现、色彩、线条、形状、形式、空间敏感性很高。喜欢从事能展现视觉空间、色调、形态的能力，并把这些空间特色表现出来的工作。

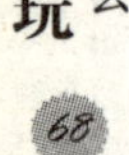

◎ 体觉智能

关于肢体运作的协调、平衡能力，用身体表达想法、情感的能力，动手操作或是创造的能力，主要通过肢体感觉来思考。体觉智能高的人很难长时间坐着不动，喜欢动手实际行动创造东西，酷爱户外活动，与人谈话时常用手势等肢体语言。

◎ 音乐智能

以听觉为主的能力，包括个人感受、分辨、记忆、表达音乐的能力。这项智能高的人往往通过音乐节奏与旋律思考，对节奏、音调、旋律或音色具敏感性，而且能从音乐中获得较高的感受。

◎ 人际智能

人际智能包括对人的表情、说话、手势动作的敏感程度，能察觉并区分对方的表达、暗示、情绪、意向、动机、感觉。这项智能高的人比较喜欢参与团体性质的活动，比一般人更愿意求助或教导他人，积极靠别人的回馈进行思考。群聚习惯让自己在人群中才感到舒服自在，喜欢扮演团体中的带领者。

◎ 内省智能

这是自我认识、洞察和内省自身的能力，包括自我了解，意识到内在情绪、潜在意向、动机和欲望，同时这也包含自律、自知和自尊的能力。这项智能高的人会从回馈中了解自己的优劣，常静思以规划自己的人生目标，比较偏爱独处，以反思的方式进行思考。

◎ 自然探索智能

认识生物和其他自然环境的能力，包括动物、植物、岩石、山脉、大自然等。自然智能强的人，在种植、勘探、养殖、猎捕、生物相关科学上的表现较突出。延伸来看，这项智能还包含对环境的探索能力，比如对于社会的探索和对于自然的探索两方面。

相对于以前用语文、数学、社会科学、自然科学等去度量人的能力标准，多元智能理论所描述的这些能力显然更加全面、完整。但是要了解多元智能，首先请别误用了这个理论。虽然多元智能讲的是人的各种能力，但我们应当理解人非万能，一个人仅可能会有一两项数值较为突出而已，而非齐头并进式这八项能力全要最强。其次是这些项目是探索自己能力、提供自我反思用的，数值表示自己能力的组合，低不代表天赋比别人差，高也不代表天赋比别人好，事实上整体数值就跟组合密码一样，彼此互相影响才造就出一个人的个性。多元智能理论有助于从了解自己的智能分布，进而确认自己的学习兴趣、学习目标、发展方向。对上学的学生来说，这些数据可以帮助老师去了解学生，用以启发学生的天赋与兴趣，以提供合适的发展机会。

关于大脑吸收的学习风格理论

学习风格理论的思想起源于20世纪70年代，到目前为止已经发展出非常多的诠释方式，但是基本概念都很接近。学习风格理论主要是说大多数学习者都有自己的一套方式，用以认识与理解各种事物，以及处理外界刺激或接受信息的模式。举例来说，有一种学习风格VARK理论，将学习者分成视觉型学习者（Visual）、听觉型学习者（Auditory）、阅读型学习者（Reading）、触觉型学习者（Kinesthetic）。

◎ Visual视觉型学习者

这类学习者，可以依靠图解、图表来理解一件事。不过在此之前，这类学习者要学习有效率地解读图解、图表。经由阅读这一类书，或者是去上相关课程而学会此技巧，当然也可以自学，慢慢地把文字描述转成图表，或是欣赏与参考其他人的图表作品，从中获得学习启发。建议可以经常携带纸笔，或者是使用空白笔记本，多练习画画技巧让自己更容易表达。

◎ Auditory听觉型学习者

这类学习者，是一个很好的倾听者，也很喜欢音乐和旋律。不过在此之前，学习者要学习有效率地听懂对方的话。做笔记、录音、选择适当的场地学习是很重要的，当然也可以在聆听完他人的谈话后，试着帮对方归纳，再询问对方是否正确，这可以帮助学习者不断练习聆听技巧。另外，也要学习会问问题，如何问到关键、核心问题是一项重点。

◎ Reading阅读型学习者

这类学习者，是一个很好的分析者，喜欢在文字中寻找线索，也喜欢靠阅读增加自己的背景知识。不过在这之前，学习者要学习有效率地抓重点。建议可以随身准备Post-it和铅笔，把重点标注后誊录一次，再搭配笔记整理方法抓出重点。文件最好分类保管，用文件袋有系统地整理好，不然大量数据反而成为负担。

◎ Kinesthetic触觉型学习者

这类学习者，是一个很好的表演者，喜欢比较动态的学习方式，在记录或提醒自己时，会用荧光笔或Post-it帮助自己。这类学习者对别人的表情、行为、态度很敏感，能够察觉许多人感受不到的体会，并且喜欢行动，或是实际参与，会有一点无法安静坐着的感觉。建议可以试着用行事历管理自己的行为，帮助自己有效率、有条不紊地把事做完。

每个人都有产生噪声的最佳方式

根据多元智能理论，人的行为能力至少可以分成八种解决问题的能力，这些能力也称之为智能。每种我们认识的工作，都是由一种以上的智能所组成，比如说，建筑师会大量运用空间智能与逻辑数学智能，少部分同时也具备人际智能的建筑师，会额外考虑到居住的环境问题，如果再加上自然探索智能，那么将会是天生的绿色建筑师！虽然每一项都优异，确实会让人变得很厉害，但实际上，人类的能力方面总能量是固定的，大脑既然分配给甲较高的能量，就无法再腾出能量分给其他的乙、丙、丁项目。这就好比你手上有100分的筹码，你要分给这八项智能。100分全给了第一种智能，会导致第一项非常好，可是其他项就太弱了；如果是全部平均分配，那又太没特色了。

学习风格理论则显示大脑在接受信息时，会因为每个人的特质产生不同的学习方式。这些风格有时是潜藏在心中，自己经常不自觉地表现出来。当通过自己的习惯、偏好或是特殊方式处理各种信息，学习效果会比较好，吸收能力也会提升。了解自己的学习风格，可以帮助你认识到最适合自己的学习方式，同时也能理解为什么与其他人学习方式是如此不同。本章末的学习风格测试题目，将可协助读者找出自己的学习风格。

然而，这两个理论跟坐在星巴克、麦当劳比较能产生创意有什么关系？首先，这两个理论显示出我们大脑运作的一些门道。学习风格理论所探讨的是信息输入给大脑的方式，而多元智能理论谈的是输出的模式，一进一出，符合目前神经生物学的理论。这意味着学习本身，并非人人相同，使用的学习方式也无法一致。至少在某种层面上，每个人会具有偏好的学习习惯。每个人因为各种先天、后天原因，自然而然会产生不同的学习偏好，每个人在某种特定学习偏好下，学习效果特别好，这没什么好意外的。换句话说，采用符合自己学习风格的方式，将特别有机会产生“噪声”。

是否环境也与学习风格、创作能力有关呢？我自己的亲身经验是，在轻微嘈杂的咖啡厅，效率很高，但在安静的图书馆，怎么样也无法念书。有的人看到字就会头痛，读漫画却很开心。有的人则是喜欢慢跑想事情，不然答案怎么样都浮不出心头。当你能理解背后的原因，就不会说自己是“不想读书”，而根本是“用错方法读书”。这可能是你没找到偏好的输入方式，就像明明都是电源，仍有三孔与两孔插座的差异是一样的道理。

另一种可能性，则是自己在某种偏好的情形下，有助于与外界震荡产生适当的“噪声”，这些“噪声”能帮自己更容易形成创意。以我自己为例，我是一个图像化能力指数较高的人，在空间智能与逻辑数学智能方面有较好的表现。在看到更多图片时，或是自己通过绘制平面图找出答案时，大脑里会出现更多的创意。而我的学习风格中，肯定也带有听觉型学习者的因素在内，所以坐在嘈杂的咖啡厅内，稍微嗡嗡的耳语声，反而刺激了我的“噪声”发生量。这“噪声”的数量，恰巧不多不少，总能带给我更多的联想与创意机会。现在，你大概了解了创意形成的环境，需要自己偏好的思考方式，以及自己偏好的输出模式。

每一个人产生“噪声”的方式与偏好都不一样，甚至同一个人，在不同心情、不同阶段、面对不同任务等状况下仍可能会出现迥异的“学习风格”。同样以我自己为例，虽然在咖啡厅写作最有效率，但是设计课程还是要在工作室，在那张大桌子和柔和的音乐的环境下让我能够顺利进行这项工作。多元智能的8种组合，与4种学习风格理论（学习风格理论很多，此处仅介绍1种）的相乘组合，至少就有32种搭配，有些学习者的智能也可能横跨2种、3种或更多的组合。而这些组合，在不同状况下，又会有些许变量在里面。这样，就能说明人类的脑子有多复杂了。

人的大脑喜欢平静的状态，在这样的状态下，会舒适到不必应付各种危机、困难，但是也会容易走向灭绝之路。我在前面分享过世界的变动，以万变应万变才是生物的最佳策略。自然的巧妙在于，从巨观的DNA到立刻反应的神经，样样都在以“出错”当成活命的策略，偶尔的、可控制的混乱，常会产生巨大的利益。

混乱与出错是创意之母

人有不承认错误的偏好，以及经常花过度心力把错误弥平。错误对多数人的印象，是负面的、不专业的，于是一旦发生不如预期的事情，第一个想到的就是补救、还原，然后重新再来一次。

1964年，美国贝尔实验室的工程师阿诺·彭齐亚斯（Arno Allan Penzias）和罗伯特·威尔逊（Robert Woodrow Wilson）架设了一台碟形天线，用以接收卫星信号的回声。当时是卫星通信刚刚展开的新纪元，而初期受限于技术难度，卫星的微波传送信号非常微弱，有时候噪声比要传输的原始信号还强。装置这个天线的主要目的，就是要先记录自然界中的各种微波噪声，在未来启用卫星通信时，只要再把这些噪声减掉，就能把真实的原始信号还原。

产生微波噪声的原因很多，有些来自天线本身设计不当产生的噪声，也有周围环境产生的各种噪声。正当他们两位把各种噪声一一找出来排除时，却发现有一种噪声，不管他们怎么调整都无法找出原因。起初他们怀疑这个信号来源于系统本身，于是来年他们对天线整体进行了彻底的检查，并将头号嫌疑犯——天线上的鸽子窝和鸟粪一一搬家，不过后来鸽子又飞回来筑巢，逼得他们只好开枪射杀它们，但是这个问题并没有解决，没有鸽子的天线噪声依然存在。之后在一连串的研究与其他学者的协助下，最后证明这噪声并非是测量上的错误，更不是什么系统噪声，这个额外的信号其实就是宇宙微波背景辐射（cosmic background radiation）。

宇宙背景辐射是近代天文学上重大的发现之一，它间接地证明了大爆炸理论是正确的。彭齐亚斯和威尔逊因发现了宇宙微波背景辐射，在1978年获得诺贝尔物理学奖。

彭齐亚斯和威尔逊面对混乱与出错，刚开始便想尽办法"修补"，怎么样也没有办法把异常看做是发现。如果我们有机会在那时候访问他们，他们一定会把过错全都推给鸽子，然后回去继续检查系统，找出可能出错的原因。另一种方式，就是训练自己把异常视为特例，思考背后发生的原因，以及可能的意义。

趁乱抓出头绪

有一句老话说，要给自己一个犯错的机会。犯错当然是要避免的，但是当把握度不大的时候，贸然去做一件事也是有好处的。成功了，会得到莫大的经验值，学会一种方式。失败了，也会得到经验值，而且通过失败，说不定会发现新的解决方法。超出自己能力的行为，固然添加了许多不确定性，但是同时也刺激人的潜能，激起你想用更多的方式去解决问题的动机。混乱，是把自己能力排列组合一遍，并带来新的秩序。给自己勇敢尝试的机会，才是自我跃进的最佳动力。

世人经常将出错、混乱归责于负面行为，但在可控制下所发生的出错、混乱，将可引起整体创意环境的扰动。我们需要通过“噪声”刺激创意发生，也需要混乱来提升创意生成率，这些适时、适量、适合的刺激，将开启人们异想天开、天马行空的大门。

过程中千万留意，将出错转换成独特的见解，才是创意者最需要的能力。

演练：测试我的学习风格

编号	问题	A	B	C	D	我的答案
1	你喜欢老师用什么教法来教你	表演、展示模型或是实际演练	运用照片、图表或是图形说明	发讲义、课本，或指定阅读	举办问答式的讲座、小组讨论，或举办一场演讲	
2	你喜欢在什么环境或状态下看书	有轻音乐的环境	很大的桌面，摆满了各种的资料	有空白纸张或是桌面可以写下想法	运动中或运动后，那时的思绪最好	
3	当和别人说话时，你喜欢怎么做	拿出一张纸、一支笔开始边写边画	喜欢静静地听对方说话	期待对方能拿出什么数据	你会摆动双手，或是想要跟对方有肢体接触	
4	你比较喜欢什么样的网站	网站有背景音乐，按钮都会发出声音，或是可以下载、在线听音乐、电台节目或访谈	里面有很多有趣的文字说明，列表和解释	提供超链接与隐藏功能，可以点按、移动、自己试验字体大小或搬移位置的网站	网站中有很多吸引你的小设计，尤其是颜色与视觉上的设计	
5	如果你要购买价钱在2000元人民币以上的手机，除价格外，你还会在乎什么条件	二话不说，先阅读手机功能或评比的详细信息	让卖场人员或朋友、使用过的人告诉我特点有哪些	我会自己找试用报告、借用尝试或到卖场现场测试一下	不论新潮还是复古，外观很重要	
6	你用什么方式学习效果会最好	搭配照片、图片和图表	观看现场示范	依靠详尽的手册或教科书	需要有人解释和提问	
7	对于你计算机里面的新程序，你都是如何学会使用它	阅读程序附带的书面说明，例如使用手册	直接打开程序自己摸索，开始点选功能、输入	跟熟悉或用过的人请教有关程序	找到有图片的步骤或说明	

续表

编号	问题	A	B	C	D	我的答案
8	如果买一本工具书，除了价格以外，影响你决定的因素是什么	先快翻一下，阅读其中几个段落	参加读书会、阅读书摘、电子报介绍或亲耳听到有人介绍或推荐这本书	封面或整体设计很棒	它里面都是真实的故事、经验和范例	
9	如果健康检查时医生发现你的脑部有问题，你希望医生怎么做	清楚地描述哪里有问题	有没有数据可以带回家看	拿出一个脑模型，告诉你哪里出问题了	用断层扫描图解释问题出在哪里	
10	你老板刚刚对你做完定期员工考绩测验，你会期待收到老板给出什么样的回馈或者建议	找你面谈，详细说说结果如何，有哪些问题或毛病	举实际例子说明你做了什么事，并说明好在哪里、坏在哪里	给你一份结果报告书，最好详细写出目标、过程与结果	用图形、表格显示你的优缺点在哪里，还有哪些不足	
11	在会议中发表重要讲话前你会做什么准备	找张纸写下讲稿，然后开始一遍又一遍地练习	事先收集许多范例和故事，用这些充实自己的讲话内容	运用图表、照片等素材，用以帮助自己解释事情	写下几个关键词，然后就自由发挥了	
12	你正准备一份报告，记录自己的长途旅行。你会如何与朋友分享	用短信、文字或给他们发电子邮件	附上地图或旅游点网站，以表明他们曾去过的地方	描述当时去玩的重要景点有哪些	给他们准备一份当时的行程表	
13	遇到有陌生人向你问路时，你会怎么做	找张白纸，用文字写下路线与方向	陪他一起去那边	仔细对他说该怎么走	给他一张地图，或是画一张草图给他	
14	你平常都是如何放松自己	参与户外运动	阅读或冥想	看画展、电视或者看电影	听音乐	
15	当你在阅读时，经常会想些什么	会根据故事情节，想象目前的场景	会幻想剧中人物的对话	会爱上其中优美的词句或描写手法	会想当里面的主角，实际来一场cosplay扮装秀	
16	当你教别人时，你偏好的做法是什么	与对方面对面谈，仔细告诉对方做法	善用倾听的方式，引导对方提出问题	拿出图表或是利用手绘的方式，让对方明白	带领对方实际参与，然后再看看对方的状态	

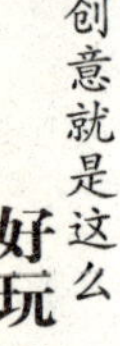

现在，请按照下表，统计出你的四个属性情况。例如第一题，“你喜欢老师用什么教法来教你？”如果你的答案是B，B对应的属性就是V。

	题目	A	B	C	D
1	你喜欢老师用什么教法来教你？	K	V	R	A
2	你喜欢在什么环境或状态下看书？	A	R	V	K
3	当和别人说话时，你喜欢怎么做？	V	A	R	K
4	你比较喜欢什么样的网站？	A	R	K	V
5	如果你要购买价钱在2000元以上的手机，除价格外，你还会在乎什么条件？	R	A	K	V
6	你用什么方式学习效果会最好？	V	K	R	A
7	对于你计算机里面的新程序，你都是如何学会使用的？	R	K	A	V
8	如果买一本工具书，除了价格以外，影响你决定的因素是？	R	R	V	K
9	如果做健康检查时医生发现你的脑部有问题，你希望医生怎么做？	A	R	K	V
10	你老板刚刚对你做完定期员工考绩测验，你会期待收到老板给出什么样的回馈或者建议？	A	K	R	V
11	在会议中发表重要讲话前你会做什么准备？	A	K	V	R
12	你正准备一份报告，记录自己的长途旅行。你会如何与朋友分享？	R	V	A	K
13	遇到有陌生人跟你问路时，你会怎么做？	R	K	A	V
14	你平常都是如何放松自己的？	K	R	V	A
15	当你在阅读时，经常会想些什么？	V	A	R	K
16	当你教别人时，你偏好的做法是什么？	R	A	V	K

请对照你的答案中V、A、R、K有几个，用“正”字统计在下面方表格

缩写	意义	出现次数，请用“正”字统计
V	Visual视觉型学习者	
A	Auditory听觉型学习者	
R	Reading阅读型学习者	
K	Kinesthetic触觉型学习者	
总计	总计应该等于16	

测验结果中数值最高的，表示你的主要学习风格；数值次之的，是第二学习风格。如果有并列的，表示你的学习风格很多元，能够允许多样化的学习方式存在。

写下你的大创意：

第五章

沟通 Communication

做一个最好的听众，鼓励别人谈论自己。

——戴尔·卡内基（Dale Carnegie）

在本章的开始，首先要请读者转换成另一种情境：内容改编自从朋友寄来的超级业务员的故事开始：

某个从乡下到纽约找工作的小伙子，准备应征某百货公司销售专员的工作。

因为他履历上一直强调他是天生好手，引起老板十分的好奇，决定亲自面试。

老板问他：“你以前做过销售专员吗？”

小伙子回答说：“我以前在乡下，就是挨家挨户推销商品的推销员。”

老板问他：“你觉得怎样可以把东西卖掉？”

小伙子回答说：“很简单，帮客户找到他要的东西。”

几句话谈下来，老板对小伙子爽朗的个性、机智的应对颇有好感，于是对小伙子说：“好吧，我明天给你一个试用机会！下班的时候，我会考核你一天的工作成绩，然后再决定你有没有资格成为正式员工。”

第二天，小伙子很早就来上班，但大城市毕竟跟到处都热情打招呼的乡下不一样，冷漠的氛围对这个乡下来的小伙子有点难熬，他有点迫不及待地想快点下班找人喝几杯。

快到六点时，老板到办公室来找他。看到桌面已经收拾得光溜溜的，老板脸色有点不悦，劈头就问小伙子：“想下班啦？你今天接了几份订单啊？”

“一单，”小伙子说。

“只有一单？”老板轻蔑地问：“我们百货公司里的这么多专员，每个人一天跑个二三十单都不是问题，你才做了一单？那你这一单做了多少钱呀？”

“五十万美元，”小伙子回答。

“啊？小伙子你快告诉我，你是怎么做到的？”老板一脸不可置信，觉得这有点不可思议。

“是这样的，”小伙子说：“上午的时候，有一位身穿名牌的先生进来买东西，我先卖给他一套小号的钓鱼钩，然后是中号的钓鱼钩，最后是大号的钓鱼钩。光有钩没线可不行，于是我又卖给他一卷小号的钓鱼线，一卷中号的钓鱼线，最后是一卷大号的钓鱼线。

结完账之后，我看他还是一脸茫然，于是我又问他想上哪儿钓鱼，他告诉我想去海边钓鱼。

我跟他说这附近海边都钓不到什么好鱼，还不如买条船出海会比较方便。所以我带他到我们卖船的部门，按照他的实际需求，卖给他配备空调、自动驾驶和卫星导航的高级帆船。

但他对我说他目前开的汽车，可能拖不动这艘6米多长大船。于是我又带他去汽车销售部门，卖给他一台我们新款进口的顶级四轮驱动休闲旅行车。

老板几乎难以置信地问：“你要我相信，一个客人不过是来买个钓鱼钩，你就能卖给他这么多东西？”

“老板，不是这样的。”乡下来的小伙子挥了挥手说：“他原来是到这给他太太挑选卫生棉的。那时候，我告诉他‘老兄，你的周末看来肯定没搞头了，何不去钓鱼呢？’”

这个故事听起来很棒吧？当你听完这个故事后，身为讲师的我这时再补充一句，身为一个超级业务员，就是要时时替顾客着想，“投其所好”地将自己的产品推销出去，你觉得这故事的效果好不好？

这是我们在生活中常会遇上的场景，讲者运用故事作为引子，让听众进入某种被引导过程。接下来，再顺着故事的情境感，搭上讲者想要表达的主题，有层次地将概念传递给听众。这时候，生动的故事为讲者打开了一条康庄大道，尽管最后的补充没头没尾，只不过简单几句“要替顾客着想，‘投其所好’地将自己的产品推销出去”，却能够让在场的每一个人都听得明白，而且拍掌叫好！

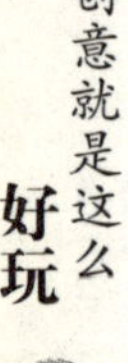

传不出去的创意，小心变成瞎忙

创意通常是与众不同的，往往被归类成比较奇特、创新的想法，不过就算再有突破性，创意的目的都一样，就是要让人能理解我们要表达的“话中之意”。很多创意本身设计感很不错，看完也让人惊艳，可是常会遇到的问题是，当我们看完一个创意、体验完创意过程后，脑海里面却还是闪出三个问号，完全看不懂这个创意想要告诉我们什么。这样的创意，只有创意却没有达到沟通效果，等于白忙一场。

沟通是创意中最重要的一门课。沟通是将创意本身与对象接收信息之间取得一个平衡点。创意者要很有创意，但是不要超过接收者的认知；要有所突破，打破一些框架和限制，才有机会吸引消费者的目光。所以创意者要解决的问题有两个：一个是信息如何传递给消费者（怎么传信息），另一个是消费者到底如何接收信息（怎么收信息）。

每次在台湾大学EMBA新的一堂创意课开始时，我都会安排同学玩一次用沙鼓沟通的游戏。游戏的道具很简单，一对沙鼓（长得很像小型棉花糖，摇晃就会发出“沙沙”声）、一盒歌单（写在名片上的三十五首，如“让我们荡起双桨”、“卖花姑娘”、“伦敦桥”、“当我们同在一起”……大家耳熟能详的儿歌）、一卷好撕不太黏的胶带。接着，请每组派出两位最会沟通的伙伴，上台跟其他组对决。

游戏规则如下：两位同学一位扮演“摇沙鼓者”、一位扮演“听者”，分别站在讲台两端。将摇沙鼓者嘴上贴着胶带（虽然大家都表示绝不会在过程中讲话，希望不要贴胶带，但是根据往常经验，贴起来“笑”果最好），然后从裁判者手中抽取一张歌单。抽取之后，不能讲话、不能比画，也不可以挤眉弄眼，仅能用手中沙鼓摇出歌单写的是什么歌曲。

扮演“摇沙鼓者”的同学有点尴尬，因为他能表达的“器官”只剩下那对沙鼓，于是“听者”能接收的信息，也只剩下“沙沙沙”的声音。扮演“听者”的同学同样很尴尬，空有所有的接收器官，但是现阶段只能用耳朵听“沙沙”声猜歌名。在多次课程的经验中，常发现只有少数人可以很快地猜出歌名，大部分人都被“沙沙”声迷惑得更难猜出答案；另外，台下的观众比台上的听者更容易答对，而且台下答对的那个观众，通常也能连续答对很多题。

这个有趣的游戏，是从早先斯坦福大学的一篇论文演变来的。伊莉萨白·纽顿（Elizabeth Newton）博士在美国史丹佛大学取得心理学博士学位时，研究的题目是一个简单游戏，很像是那种“比手画脚”的猜谜游戏，只不过她把字卡换成音乐，比手划画改成了打节奏。

研究者被分坐两边，包括“击节者”和“听者”。击节者将扮演获得歌单（当然，这些歌都是耳熟能详的歌名），然后在桌上把它的节奏敲给听者听。听者则根据敲出的节奏猜出正确的歌名。很显然，在没有任何暗示下，听者要正确猜中答案是非常不容易的事。事实上，在这个研究当中，击节者一共敲出120首歌，而听者总共只猜对3首歌，猜对的机会仅有2.5%。

这篇名为“作用与回应的崎岖之路（The rocky road from actions to intentions）”论文，跟心理学博士学位有什么关系？原来伊丽莎白多做了一件事情，她在听者进行猜歌之前，事先要“击节者”预测自己猜对的几率是多少。击节者普遍信赖自己的表达能力，他们相信，可以有50%的机会让对方知道自己在敲打什么歌。但事实并不是这样，如同刚刚的结论，研究发现只有2.5%的答对率，跟预测的50%相比，击节者都有点过度乐观，甚至自我感觉过度良好。这中间到底出了什么问题？

歌曲等于旋律加上节奏

简单地说，我们闭上嘴敲击一首歌时，大脑里“哼着”是节奏加旋律，不过节奏的信息从大脑传到手指间，再敲打产生节奏音，但旋律这部分却没有渠道跟着传出去。对“听者”来说，耳朵接收到的信息仅有节奏，旋律这部分根本没被传出来，这等于丧失了大部分信息。

读者不妨找一位朋友演练一下这个游戏，在大脑里哼着“小毛驴”然后打节奏，嘴巴不可以出声，再请读者最有默契的好友猜猜看你在敲什么歌。如果你的拍打声刚好在拍子落下位置，比如像是“我、有、一、只、小、毛、驴……”的位置，对方很有可能会有的答案是你在念经敲木鱼（因为时间间隔一样，听起来既单调又重复）；如果“我从来也不骑，有一天我心血来潮，骑着去……”每个字都打一下，对方的答案更有可能会是：“你今早忘记吃药了吗？”

这个实验传递了两个重要信息。首先是沟通者有过度乐观的倾向，满心以为自己已经把全部的信息传给对方，尽管许多信息在传递的中途其实已经漏掉了一部分。其次是传递过程中，内容必须符合对方的程度，而且是要传达给对方能理解、可匹配的内容，否则最后的结果还是功亏一篑。至于为什么会过度乐观，这是由于大脑有一个坏毛病，就是想到什么，脑海就会先自动模拟成像，在过程中，大脑会自动补上不足的部分。在这个实验中，敲击节奏的当下，旋律会自动在敲击者的大脑中补上，最终出现类似合奏的感觉。尽管过程中没有真的声音旋律传进耳朵，但敲击者自己的脑子是可以靠想象“听”到旋律，就算“听”这件事并非事实，旋律也不是通过声波传递，却能让敲击者会认为对方也体验到同样的经验，尽管对方根本没体验到。

另一次的经验是这样的，同事们七嘴八舌地讨论某个商品该用什么颜色，每一种颜色都各有拥戴者。我觉得红色的话可能太过鲜艳，而且这个商品给消费者的第一印象很重要，我不确定红色是不是一个安全牌，于是建议使用一些大地色，像是土色或是灰色。很快地，这个建议便引起部分同事的附和，却也有另外一群人反对这个提议，大家对于用什么样的颜色呈现商品会好或坏各有理由。这时候，艺术总监拿出了一沓Pantone的色票，对我们大家说："你们可不可以把要讨论的颜色找出来？红色有洋红（Magenta）、胭脂红（Carmine）、宝石红（Ruby）、玫瑰红（Rose red）、山茶红（Camellia）、浅玫瑰红（Rose pink）、尖晶石红（Spinel red）、优品紫红（Opera mauve）、浅珊瑚红（Coral pink）、火鹤红（Flamingo）、浅珍珠红（Pearl pink）、壳黄红（Shell pink）、浅粉红（Baby pink）、鲑红（Salmon pink）、朱红（Vermilion）、猩红（Scarlet）、鲜红（Strong red）、枢机红（Cardinal red）、勃艮第酒红（Burgundy）、灰玫红（Old rose）、威尼斯红（Venetian red）……你们到底说的是什么红？"当大家摊开色票时，原来的反对者又变成了赞同者，"这个红也不错啊？"、"好像勃艮第酒红跟我们的产品比较搭？"那一天，大家也学乖了，改用更科学的说法来描述这个颜色：CMYKN（0, 97, 100, 50）。

击节者的状况是同样的道理，在这个场景中只不过是旋律换成了颜色。跟旋律藏在大脑中的模式类似，大家的大脑里都有个自以为是的颜色，但是我大脑中的红色与你大脑中的红色是否相同，就是一个大问题了。要不是色票帮助大家下了清楚的定义，恐怕大家还在为一个表达不清的东西争个你死我活。

我们不妨把“大脑里的旋律”当成是多数人沟通的盲点，这个问题的最根本之处，是人们在潜意识里面“以为对方懂”，甚至以为对方也看到了。这个问题经常在世界各地、各种时机、各种场合发生，这些沟通上的痛苦，不知道要耗损掉多少人的耐心与毅力。当然我们也可以不要这么累，而选择一种更有效率的方式，从一开始就把旋律与节奏送过去。让我们仔细思考一下沟通的本质，不就是要让别人懂吗？如果我们要让对方能够了解创意，那么创意本身就该带有更多的沟通性，而且沟通门槛越低越好，能让人们想看、看了、懂了、了解、喜欢、还加上一点点佩服，那就成功了。所以，沟通应该把旋律和节奏一起传给对方。

盲点在哪里

营销也是一样，最大的盲点就是卖的人“以为”买的人都知道，所以“不小心”遗漏了许多细节。这就像击节者自以为已经传递了旋律与节奏，但其实传递给对方的内容，仅只有节奏而已。

卖电器的厂商“以为”消费者都知道电压是多少；卖衣服的商家“以为”消费者知道M尺寸是多大；卖茶叶的茶庄师傅，“以为”消费者能分辨东方美人跟白毫乌龙茶的口感。其实，营销者经常不是高估就是低估消费者的能力，消费者没有听到营销者的“旋律”，只听见一部分的“节奏”，这就是营销者的盲点。

我们常讲“聪明消费者，愚笨营销脑”。一般人在接触或是进行营销工作时，总以为它是一个工作，营销人员只不过是通过“卖东西”来换取薪酬。所以按照流程、依照顺序，又或者把该提供的信息放进数据里，赶速度、控品管、确定客服等，一切都是从“卖”的角度规划。于是产生的结果，会更在乎流程（怎么样能让系统跑得更快、优良率更高、效率更好、更快送给消费者），更在乎价钱（折扣、优惠、礼赠品、促销），更加在乎成本（如何用最低的生产费用，换取最高的售价），但是就是很不会在乎消费者感受。

现在请读者再快速切换到另一个场景：忙了一天，你拖着疲惫的身子下班回到家中，洗完澡悠闲地在午夜时分上网当一个网络购物狂。当你进入某个购物网站，同时也唤醒体内沉睡中的精明消费者灵魂。刹那间，你变得诸事斤斤计较，四处检视商品的评价、比价、看规格、甚至逛其他网站，好确定这项物品是否值得下手，如果有可能，还会等待是不是有降价、赠品，一定要处处都获取最大利益才行。你的精明消费者灵魂在购买过程中，会挑剔运送的速度，会在意包装的精美，会挑剔产品的任何小瑕疵，你的标准提得非常高，绝对不允许自己的权益受损。试问，用同样的标准，你自己所工作的网站或是公司是否经得起你这样的严苛检视吗？当然很难，因为当自己是消费者的时候，购物感受便成为第一要务，至于流程等相关的后台信息，消费者并不认为那是关键。

沟通的要诀之一：目的与结果必须一致

营销者不该只注重“卖”，更要留意“买”，沟通的重点是，目的与结果必须一致。简单地说，营销者在做某个沟通行为时，必须立刻想到结果是什么，再用结果去推演应该进行什么样的沟通。消费者在购物时，更在乎的是消费感觉而不是机制本身，会更在意自己是不是得到好处、方便，而不会管背后有多少人靠着流不尽的血泪完成。虽然很残酷，但这是事实。有谁会在乎24小时购物背后辛苦加班熬夜的同事？谁会在乎每天处理几百个包裹，连指纹都被胶带黏掉的员工？又有谁会在乎，每天要站柜台超过6小时，不但任何时候都必须要堆满笑容，还要边卖化妆品边当电话推销员客的女营业员有多辛苦？

我有一位朋友，她拥有一个生产保养品的工厂。长达二十几年的工作生涯，让她积累许多制造保养品的专业知识，包括各种原料的特性，以及如何将这些原料以最经济、有效率的方式混合。对于相同的原料，混合流程上的改变，比如次序、温度等不同，有时会产生截然不同属性的产品。最近，她有意依靠自己独特的生产技术专业，从OEM代工转换成OBM自有品牌，于是开始设计整体品牌与包装，并积极拓展渠道发展。

辅导过很多OEM代工转成OBM自有品牌公司的经验让我知道，这样的公司几乎都有一个共同点，就是“工厂心态”非常强烈。工厂是制造与订单导向的，制造关乎成本，订单关乎营业额，目标则是压低直接成本、固守毛利额。工厂的流程是先接到订单，然后评估生产时的毛利有多少，最后在有利润的前提下，以最有效率的方式制造产品。不管怎么算，原料的价格、人事成本支出、水电管销费用、优良率、检验费用与运费等都成为基本模块，大脑里一转就知道一张订单该不该接。这边所指出的“工厂心态”，就是除了这些直接成本之外，如果还增加了其他费用，心中就会特别想要去把这笔钱“省下来”。

工厂制造的商品成本低，销售毛利高，相对于其他品牌业者，因为取得了优先议价能力（反正是自己跟自己议价），理论上竞争力也强，当然获利空间也会比较大。但是工厂如果想跨行做品牌，往往会很容易因为工厂心态的缘故，导致不愿意投注资金在其他方面（如营销费用上），直接结果是无法有效按预期扩张，反而让自己投入的资金更不容易回收。工厂心态的存在让自己以为看见了全貌，但事实上品牌公司与工厂的运作结构截然不同，背后需要有非常不一样的经营心态。品牌公司的营销费用可能就占了所有成本的一大半，毕竟品牌公司的专长，在于包装与介绍，而且对消费者与渠道的掌握度极高。工厂生产则是依靠委托公司的生产订单，工厂对市场敏感度低，对经营市场相对来说十分陌生。对于平常从不曾出现在账面上的营销费用在这时就显得特别刺眼，但却万万没想到如果要转型成品牌公司，什么费用都有机会省下，就是初期营销推广的钱千万不能省。

工厂从OEM迈向自有品牌OBM的过程中，因为工厂心态作祟而难以避免把很重要的营销费用一直缩水，到了几乎一毛不出却想要做好营销、打开市场的地步。如果从工厂的业务作业角度来看，就会知道这种想法很正常，工厂业务正是如此运作的，现状不过是原有情境的延伸，然而这却是拿不恰当的经验做延伸，也用错了场合与套用错了对象。这个情况并不容易经由劝说而改变，毕竟“工厂心态”已经根深蒂固，难以用三言两语撼动。

这跟前面所提到的击节者效应，有异曲同工之妙。在某种特殊的状况下，人们的大脑误以为旋律已经存在，尽管在真实状况下人们所传达出的仅是节奏而已，却还是自我感觉良好地持续往前行进。大脑里的旋律是那些昔日旧思维，无时无刻不在控制你的思想历程，干扰你的判断。击节者效应的扩大解释版，就是大脑内陈旧陋习引发的干扰因素，让人过度自信，用错误的偏见或不当的信息填补自己未知的部分。

“目的与结果必须一致”的这种想法，算是某种沟通的检验方式。当我们在沟通时，从结果、结论去看事情，要比从头想来得精确、有效率。同样的工厂案例，如果摒弃原先的工厂思维，直接从最终目的，也就是先从消费者使用角度开始想，或许是跳脱窠臼的最佳方式。

其实击节者的故事，不只是发生在发出信号的人身上，也同时会发生在听者身上。还记得前面所提到，击节者猜自己答对的比例有50%，但实际上没这么高，事实上只有约2%的人猜对，击节者固然大脑里有个旋律，影响着自我判断，把这件事情看得太轻松。但是在同一个环境中，听者为了找到合理的答案，也会出现“套旋律”的现象，把自己听过的歌一一套进去，然后看看效果怎么样。如果大脑中的旋律套入后与节奏匹配，那么就找到答案了。

所以说，最佳的沟通过程是击节者先发出某种信号，让听者“套旋律”的过程变得简单。如果这个过程能够缩短、精简、有效率，那么听者的答题速度就会变得更精准，也更能达到我们的预期目标。这一“套旋律”的过程，就是从目的反向检视行为，如果我那位朋友首先把制造工厂的这件事放一边，然后看看消费者的欲望和需求以及如何将信息传递给她们，想清楚之后，再设计要如何帮消费者加速“套旋律”的过程。这样，就不会觉得这笔营销费用不该花。

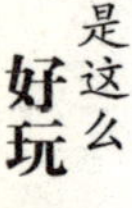

沟通的要诀之二：感同身受以及角色投射

猜猜看，迪士尼是怎么样让员工爱上自己的工作，就算老板没盯着看，员工都会努力工作？诚品书店又用什么方式，让员工认同企业文化，并且深以诚品人而自豪？

和所有企业一样，新进员工势必包含一连串的教育训练，目的在于快速让员工掌握基本技巧。同样的，要靠员工自己找理由说服自己，热忱还是有限，怀疑的心态会让训练效果事倍功半，员工工作意愿与积极度也不会太高。

那么，迪士尼和诚品书店两家企业，又是如何训练出自动自发又热爱企业的员工？迪士尼的做法是告诉员工，不，迪士尼认为根本没有所谓员工的存在，因为每一位工作者都是演员。迪士尼提供一个剧场、一个剧本、一个梦幻环境，只要工作者踏进了园区内，就进入演戏模式，用自己精湛的演出带给所有游客欢乐！迪士尼在收门票？错！我们是在提供一个实现梦想的机会，我们让每一个来玩的大朋友、小朋友，在此抛开尘世烦恼、丢下现实与包袱，让自己进入这个快乐的童话与幻想王国。当你问工作人员，为什么现在看不到米老鼠呢？对方会热心地告诉你，他跟米妮去用餐了，在这边等一下他们就会出现。当你问白雪公主和小矮人去哪里了？演员们或许会搭配生动的表情告诉你，他们去参加白雪公主的宴会了，你怎么没一起去参加呀？员工是演员，是一种情境的比拟，但是呈现效果远比各种繁文缛节的规范要有效。员工是演员，表示员工要为自己的演出负责，无时无刻都要留意扮演得真不真、像不像、好不好，企业当然也变得非常轻松省力。

诚品书店也是用类似的方式训练同事，诚品书店是以文化、艺术、创意与生活作为企业核心价值，坚持“与人为善”的永续经营之道，以“生活与文化场域”的复合经营模式，每一位书店的工作者在岗位上都扮演着文化传递者的角色，并且乐意为所有远道来的访客服务。不管你是买书还是来逛书店，你得到的待遇都是一位“爱书人”，是一位城市文化探索者。诚品书店以品位、装潢、设计、服务感动客人，定期举办活动丰富城市人文，以成为一个城市的重要文化地标为自诩。员工在书店里，扮演最重要的灵魂角色，让自己成为世界顶尖书店的一分子，以提供文化飨宴为主要工作。在这样的氛围下，诚品书店的员工自然而然会以一种骄傲与荣耀的心情工作，在高度的自我期许和自我要求下，员工自然不会松懈。

有几次为了研究从员工训练看企业内部沟通这件事，我曾在凌晨两点半到王府井一家24小时营业的快餐店去进行观察。这些员工在等待生意的过程中，三三两两地靠在沙发上聊天、睡觉。几位员工在很嘈杂的对话，并且不时发出豪迈的笑声。整理餐厅时用发出嘈杂声的拖拉方式把椅子拉到一起，或者是当接到外送电话，在吆喝声后一哄而散去准备食物。虽然我不清楚这里的员工训练方式实际如何进行的，但是我想肯定没有灌输过角色扮演这件事。这里的员工就是扮演自己，自己爱怎么样就怎么样，企业是企业，我只不过是领薪水干活的人而已。

迪士尼、诚品书店对员工的沟通方法，我们可以称之为角色投射。不可否认，关于概念的沟通，难度非常高，要让对方完全理解，更是难上加难。但是有一种方式很好用，那就是不必告诉员工复杂的步骤，严谨的规定，只需要投射出一种员工能理解的角色给他，那就非常足够了。

这种方式，我也曾用在许多企业教育训练的课程设计上。比如说，前不久替一家国际级的保养品公司——迪奥（Christian Dior）设计员工教育训练课程；课程中，我刻意将该公司的企业文化“让人变美丽”设计成为员工的工作智能之一。让每一个员工，都体会到上班不是在卖一个产品，而是在帮助我们的客人变美丽，替每一位客人找到最正确、最适合、最好的保养方式。在这样的理念支持之下，员工开始进行角色投射，并期许自己成为兼顾专业、美丽、知性、感性于一身的美容顾问，之后员工会突然觉得自己有那么点轻飘飘的，感到自己任务的伟大与重要。之后一位担任美容顾问的学员与我们分享她的学习成果，她打电话给一位两周后即将结婚的客户，要她快来柜上体验保养肌肤新品，因为她想要这位客户在结婚典礼上，用最美的肌肤步入红毯，毕竟帮助客人变美丽是我们的天职！你难道不觉得成为她的客户，是一件非常幸福的事吗？

沟通的接口

沟通确实比我们想象要复杂，它就跟剥洋葱一样，一圈绕着一圈，每一圈都相互有关联。沟通，一般来说包含两个主要角色，即传递者与接收者，而两个角色之间是沟通接口。不同接口之间，也会产生方式上的巨大差异。光是想象一下日常生活中，面对面对话与使用文字之间的不同状况，两者就有天壤之别。

各种沟通的差异分析表

沟通接口	实例	优点	缺点
对话语音	对话、讨论、演讲、研讨会、电话	快速、门槛低、见面三分情。意见马上能得到反馈、瞬间能接收信息量多元且庞大	除了自己要的答案外，需要听出言外之意。由于信息量大，需要花时间判读与消化
非对话语音	自动回复机器、电影、电视、广播	单向传播具有一致性、不会走样，能对不同人做同样内容的大量宣传	只是布置传达行为，缺少与听者、观众间的互动，无法客制化，要再做反应已经来不及了
文字	报纸杂志、书本、广告、报告、信件、公告、广告牌	信息可以被保存很久，信息阅读或取用门槛很低，使用方便，无须通过其他辅助设备	时效性低，无法及时反映意见。如果印错了，几乎无法改变这个错误

续表

沟通接口	实例	优点	缺点
非语言	声音、符号、信号、姿势、表情、语调、语气	信息丰富又容易理解，能传递超乎本身理解的信息，例如情感上的，是很深层的沟通方式。如果有问题，可以马上得到回馈	信息传递的对象受限于数量与距离，同时人数不能太多，距离无法很远，表错情会很容易被会错意
情境信息	颜色、设计、地点、装潢、整体氛围	能够在无形之间让人感染到某种氛围，这种状态营造下，会让人彻底相信或反对我们传递的信息	拿捏的分寸很重要，过度与不及就达不到预期的效果
电子	网络、电子邮件、网站、手机短信	速度快、无时效性、无地域性，复制性高、保存方便，成本非常便宜	需要硬件、软件、传输设备才能上网，对方的设备成为传输内容的现制，例如上传影片，对方手机未必可以开启。网络造假、不实信息过多，真实性颇受怀疑

沟通接口的差异，呈现出沟通的限制、对象以及适合的表现方式。对学龄前儿童以及年长的老者来说，喜爱的沟通接口较偏向实体、操作或运用的方式简单，这对他们来说是最容易获取信息的方式；年轻的学生，则偏爱网络的方式获取知识，尤其是运用社群网站的接口。一位台湾周姓好友最近与我们分享，他那位大学刚毕业的女儿（以下称她为周同学吧），一个月用手机下载了超过1G的数据，而他自己却只有几百MB，用量根本不成比例。顾及隐私，他不愿意透漏周同学到底下载了哪些内容。撇开使用的内容有哪些，仅就使用习惯来看，如果一个人清醒时间的总量是固定的（事实上，多数人一天24小时里面，可以完全支配的仅有4小时左右，其他都花在睡眠、移动、看东西、发呆跟思考上），周同学如果花时间在甲行为上，就自然减少了在乙行为上的时间，如果又多了丙、丁、戊行为瓜分了她的时间，那么实际上她能使用的时间将更少。

周同学的时间使用偏好显示她的生活圈状态，如果我们用自己是外星人的角度去描绘她，会发现这个地球生物的生存模式，大致上可以分成两个部分，一是与外在物体、生物接触的生活，另一部分则是由虚拟生活所构成，而根据观察发现，她在虚拟生活上的投入比较多，似乎那才是她的生活圈。不同生活圈有不同的文化背景，不同的背景，象征着沟通内容的差异性与独特性。如果外星人要与周同学沟通，沟通者的背景，一定必须要有部分的实体经验；但如果要沟通得顺畅、适宜，那么身为沟通者的外星人一定要有丰富的虚拟生活才行，不然又怎么知道周同学关心什么。所以接口这件事，不光是接口这两个字面上的意义，还包含着诸如生活范围、活动领域、活跃区域等概念在里面。附带要提的是，接口还分成很多类别，例如上网是工作、阅读、游戏、交友、购物、社群等也都反映不同生活圈形态的特性，由于这些已经超过创意的范围，读者若有兴趣，之后也可继续自行研究，在此不多赘述。

创意与沟通的均衡点

沟通的重点是仔细听，而不是用心说。沟通之所以被当做创意的核心关键，是因为创意需要包装，创意需要颠覆一些旧概念，同时创意的产品还要保持好的沟通特性，才能确保创意本身被传递出去。有一句名谚说：“做一个最好的听众，鼓励别人谈论自己。”这句话的意思是要我们先听对方说，在倾听过程中等待收集到足够多的需求信息，再调整稍后传播的等级、档次，务必让频道与对方的认知相近，才能用同样的语言创造最佳沟通接口。

沟通是双向的，沟通是让对方的理解水平与我们达成一致。沟通时，把旋律、节奏都放在一起，创建容易将旋律套用的情境，让对方在听到节奏的同时，马上就可以猜中你要表达的歌曲。

演练一：

面对面沟通时，表情姿态占了55%的重要性，语气是38%，内容只有7%。观察专柜小姐、卖场服务人员、高级餐厅里的员工，注意她们的眼神与姿态，看她们是如何掌握沟通的要诀。

写下你的演练日期与心得：

____

____

____

____

演练二：

检查几张平面广告，你对这些宣传品的感觉是什么。建议挑选补习班广告、房屋买卖广告、企业招商广告、保养品广告等。一般来说，文字越多、图片复杂又烦琐给人感觉内容会比较粗俗；文字少且图片精致不复杂，编排简约就会给人留下清新的印象。思考一下，为什么你会有这样的感觉？如果颠倒过来，原先粗俗的广告内容与目的不变，却改用较清新的编排方式，你觉得会怎样？业绩会更好，还是更差，还是会发生其他变化？

写下你的演练日期与心得：

____

____

____

____

写下你的大创意：

____

____

____

____

____

____

____

____

____

____

____

____

____

____

第六章

分解 Decomposition

想象力比知识更为重要①。

——美国科学家爱因斯坦

① Imagination is more important than knowledge.

据我妈妈说，天底下应该找不到跟我一样调皮的小孩。螺丝起子、尖嘴钳、铁锤是我在小学时的拆卸三宝。依稀记得小时候适逢蒋经国在台湾推动的十大建设刚要完成，电视、报纸、邮票到处都在介绍这些建设的成果。印象最深的是高雄大钢铁厂里的钢铁来源不是靠采矿，而是依靠许多拆船业者的贡献，它们将外国的废船拉回台湾，再把船上的铁拆解回收炼钢。当时电视画面中许多艘巨型钢铁船驶进台湾南部高雄的几个港口：大林蒲、大仁宫、红毛港等码头，船一驶进，一群工人像蚂蚁一样奔上去，接着是一连串噼噼啪啪的零件拆卸，挥汗如雨的工人把大船快速拆成钢条、钢板。拆东西、拆船这两件事，是我小时候少数记得的画面。

细数我的拆解记录，我曾拆过玩具、电话、锁头、保险箱、柜子、电饭锅、电视、冰箱、计算机、手机、硬盘、笔记本电脑……全都拆过，有一回，老家后面的仓库要打掉，我的大铁锤也曾做出积极贡献。拆东西一点都不难，如果有螺丝，就用螺丝刀，大部分的物品是可以用“十”字与“一”字螺丝刀打开的，除非螺丝孔洞太深或是螺纹过小、过大，不然拆解不是问题。拆不掉的，尖嘴钳能够扭断外壳，直接破坏深入内部。当然，尖嘴钳一出马就表示这东西已经坏掉、无法再使用，反正也要丢掉，不如把“大体”捐出来吧！铁锤是最粗鲁的拆法，从前我家附近有个垃圾场，常有邻居把大型废弃物往里面扔，我会带铁锤去拆解那些没人要的大型电器，比如取出电视里面的真空管。真空管的外部是玻璃壳、里面有很多小组件，看起来有很超现实的科技感，像一个一个的小明飞行物、外星设备或是小型深水炸弹。

我也曾经为了拆一块硬盘而使出各种暴力，但因为硬盘外壳实在非常坚硬，结果硬盘没打开，倒是锤子把地砖打坏了一角。开启上下盖之后，里面的机件让我大惑不解。在硬盘里面，装配了至少两块强化磁铁，每一块的磁力都非常强，如果让两块磁铁相互吸住，便很难拨开。照道理，硬盘应该远离磁性物质，不然“磁道”不是就被搞乱了吗？但这里面为什么会有磁铁呢？在此，不剥夺大家的解题乐趣，答案让大家自己去发掘。但我想跟大家分享一点，拆解的过程，才是整个事件最精华的地方。许多平常看不见的秘密，这时候全都出笼了。坚硬的外壳之下，有着脆弱、精致、复杂的小设备，原来的一个箱子里，藏着各种相互支持的设计组件。分解，就是为了要找出这些秘密。

多数创意都是演化来的，演化的两大方向一个是分解，另一个就是组合。这两者之间，并没有优劣、对错、好坏的问题，只有运用时机上的差异。从前有一部美国电视影集《百战天龙（MacGyver）》（1986年左右的电视剧，大陆只有少数几个省播过，香港翻译为《玉面飞龙》），主角马盖先（香港译为麦基华）总是随身带着瑞士小刀，当有意外发生时，就用它来解决各种问题；瑞士小刀是一种集合多功能于一身的工具：小刀、剪刀、锉刀、小一字起子、镊子、牙签、钥匙圈……全都整合在一把刀里。如果细分看每一个功能，也都有专属的工具。为了能多合一，剪刀设计得很简略，只能顶着来用；相比较之下专业剪刀就强多了，剪纸、剪花、剪铁丝，用什么功能就有什么对应剪刀工具。到底多合一比较好，还是单一功能比较优？完全是使用时机导向，当外出讲求轻便、应急时，当然携带瑞士小刀比较妥当。

拆解，在没问题里找问题

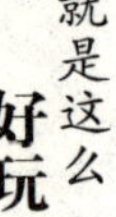

最近造访了位于北京市东城区王府井大街74号的北京东堂教堂，是耶稣会士在北京城区继宣武门天主堂之后兴建的第二所教堂。这座教堂外观非常壮丽，要不是受到天子脚下建筑物不得高过紫禁城的限制，它应该可以建得更雄伟。这座教堂是一座三层罗马式建筑，走近观察建筑细部结构，不难看出融入了许多西方与中国传统建筑的元素。

这座教堂兴建于清朝顺治皇帝统治年间，也就是爱新觉罗福临在位的时候。天主教背后的西方势力此时在远东还没有什么影响力，看得出这时候的建筑讲求庄严、低调。在理查德·泰勒（Richard Taylor）所著的《How To Read A Church》《如何读懂一座教堂》一书中，解读许多教堂在兴建时，僧侣、教徒为了彰显上帝光辉，会刻意在建筑物里面添加宗教元素的案例，比如外观、墙面、柱面、装饰、玻璃、门厅、雕塑等。这就好比我们常看到的东方寺庙会出现的特定元素，比如庙的屋顶上站立着三个小人像，屋檐蹲站着一些动物与人像，庙前大柱刻有龙在攀爬。

我相信东堂教堂在建造的时候，连“天主教”三个字都是不能写的，因为传教在当时是不被允许的，这些神父们该要怎么隐性传教呢？首先，远看教堂就能够看到屋顶的三根“十”字形“镂空十字架”，那是一种注册商标，虽然没写是天主教，但是神父胸前挂的、教堂里挂的、圣经的封面上画的，全都是天主教的品牌象征：十字架。应该是受到偶像限制的缘由，教堂外墙看不到使徒与圣兽，更找不到什么图腾花样。但是神父们还是在建筑物正面留下最大的宗教商标，一个超大型内嵌十字架的圆形图案。按照书里面的解释，这一圈代表的神圣的光芒，也有皇冠、永恒的含义，一切都呼应耶稣与圣经故事。跟罗马那些巨大老旧的教堂比起来，东堂教堂内部的布置很简约，慈祥的圣母应该被视为圣洁、无害，所以能够有偶像出现，其他几乎没放什么东西，神父们还能怎么传递教义？答案是那几面超大的彩色玻璃。彩色玻璃外框有许多植物图像，月桂树代表胜利，百合花经常是圣母所持，代表纯洁的爱，水仙代表神之爱，橄榄枝则代表和平与富饶。另外，玻璃里面到处是三的倍数图案，象征的是天主教的三位一体。

跟我同行的大陆朋友，我问他这些符号对他的意义是什么，没想到他说从没想过这些事，反问我“文化大革命”之后谁还懂这些？我当然没明说，文不文革不是重点，就算台湾没遇到“文化大革命”，因为文化差异过大的缘故，也未必有多少人知道这些含义。可见当初神父真用心良苦，但是对于没读过圣经、文化落差过大的人来说，能解读这些的人根本是凤毛麟角。这个例子，也给我们分解一件事物时，带来重要的提示：你必须先具备某些知识，否则无法对事物进行拆解。我并非是天主教教徒，充其量我只是一个符号学的业余爱好者，基于对阅读以及研究的热爱，我能粗略地解析当时神职人员希望通过教堂所表达的秘密。所以说，你无法用比较贫乏的知识去拆解较难的理论，不能用自己的文化观，去解读另一种文化。无论如何，你必须想办法弥补两者之间的差距，否则根本无法进行拆解。

拆解之一：化繁为简的手法

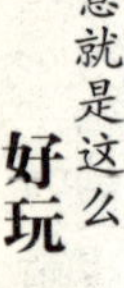

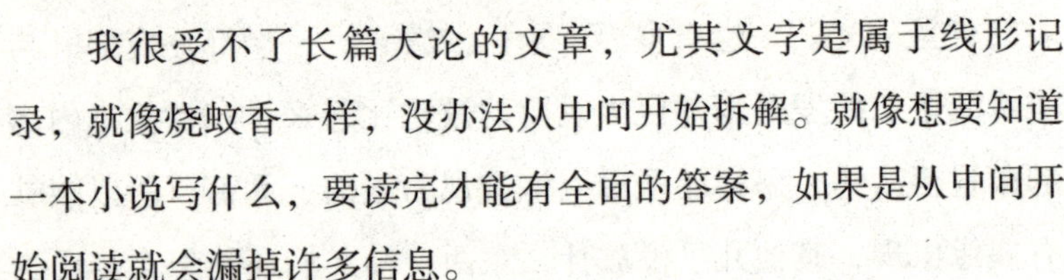

我很受不了长篇大论的文章，尤其文字是属于线形记录，就像烧蚊香一样，没办法从中间开始拆解。就像想要知道一本小说写什么，要读完才能有全面的答案，如果是从中间开始阅读就会漏掉许多信息。

当面对各种各样的数据需要阅读时，尤其是海量的数据，目录与前言是一开始就要下手的地方。先抓出大架构，了解每一个信息与数据背后的意义，然后就能思考其他部分为什么这样写。接下来，我们不妨拿一张白纸，顺着阅读把看到的关键词、关键句找出来，全部梳理一遍后，慢慢了解整个情况。要理解一件事，跟读文章的原理几乎是一样，先把大的方向搞清楚，然后再往细部拆解。

化繁为简的意义是找出核心、去芜存菁。以前在杂志社工作时，编辑都受过一个训练，把原先五千字的文章，改写成只有五百字。既然要浓缩成十分之一，就必须先掌握文章的关键主题，在改写时至少不要把宗旨给改错了。接下来就是几个大项目，特别是文章内的主张、事实与精神要保留下来，要浓缩其实并不难。

胡适是民国时期五四白话文运动最早的传播者与实践者，白话文运动并非一帆风顺，大有名气的反对者也不少。其中国学大师也是语言文字学家的黄侃，是反对者中的凶悍角色，他只要一抓到机会，就绝对不会放弃讽刺胡适的白话文。

有一次，黄侃对胡适说："你提倡白话文，不是真心实意！"胡适反问为什么？黄侃说："你要是真心实意提倡白话文，就不应该名叫'胡适'，而应该叫'到哪里去'。"古文的"适"，就是无所适从的适，表示"归向"的意思。这给胡适气得不得了。

黄侃在北大讲课中赞美文言文的高明，反讽说："如果胡适的太太死了，他家人电报必云'你的太太死了！赶快回来啊！'这长达十一个字。而用文言文则仅需'妻丧速归'四字，电报费可省多半。"黄侃得了便宜，这段话立刻在校园内广为流传。

在胡适的课堂上，胡适正大讲白话文的好处时，有位同学怀疑地问："胡先生，难道说你讲的白话文一点缺点都没有吗？"

胡适微笑道："没有。"这位学生想起黄侃上课说文言文电报省钱的故事，反驳道："怎么会没有呢，白话文语言不简洁，打电报用字多，花钱也多。"

胡适知道这是反败为胜的好机会，于是说："不一定吧。要不我们一起做个实验。前几天，有位朋友邀我去做行政院秘书，我不愿从政，便发电报拒绝了。当时回复的电报便是用白话文写的，而且非常省钱。同学们如有兴趣，可代我用文言文拟一则电文，看看是白话文省钱，还是文言文省钱？"

这引起一阵骚动，学生们纷纷拿出笔墨拟稿，最后胡适在学生卷子里挑出一份字数最少又表达完整的，上面写道："才学疏浅，恐难胜任，恕不从命。”

“这份电稿仅十二个字，算是非常精简，但还是太长了。我用白话文只需五个字就够了”胡适接着说，“干不了，谢谢。”

胡适解释说：“‘干不了’，包含自己才学疏浅、恐难胜任的意思，而‘谢谢’两字是对友人费心介绍表示感谢，又有婉拒的意思。可见只要用字恰当，白话文也能比文言文更精练。”

精简、简化很重要，但是要小心不能简化过了头。有时候电子媒体将一长串文字缩写成几个字并非成本的因素考虑，而是利用中国字同音不同义，或是一词具有双关语的特性，用词不当或是过火了反而有哗众取宠之嫌。这样虽引起网友不少话题、转寄，但实际上却少了真正的新闻价值与日后方便性。我们在简化任何事物时，这些地方都应当特别留意。

要练习简化，可以先从删改文章开始，习惯之后对删改其他报告、故事、流程都会有许多帮助。读者可以先上网随便找一段文章，最好是把它打印出来，然后拿出一支红笔，开始把文章内赘字、重复句、无意义文删掉，留下主要有用信息。如果需要改写，就在删掉的文字旁写下你改后的内容，直到你觉得无法再删为止。这个浓缩的过程，尽量让删完的文章保持原先宗旨、意境。我摘录我为葛瑞格·摩顿森（Greg Mortenson）、戴维·奥利佛·瑞林（David Oliver Relin）所著《三杯茶》所写的书评，用以示范怎么浓缩文章：

我常听到朋友买彩票前会发愿，只要自己有能力，一定会做些事情回馈社会，而不会小气到不拔一毛。当听到这句话时，我会想起《三杯茶（The Three cups of tea）》的故事。

故事主角葛瑞格·摩顿森为了纪念23岁得病早逝的妹妹克莉丝塔，决定以攀登K2作为纪念。摩顿森的理由很简单，因为他自己是一位登山者，他希望成功攻下这座高山后，把妹妹平日戴的项链能留在山上，当作对妹妹的某种纪念。

K2不是一座容易攀登的高峰，它的海拔高达8611米，是喀喇昆仑山脉的主峰，也是世界上第二高峰。在艰险的登山过程中，摩顿森与队员失散后迷失方向，等到被附近居民发现时，已经是在一个叫做“科尔飞”的小镇。

他受到善心村人的照护并且逐渐康复，摩顿森体会到一点：在偏僻的乡村中，不管他们的宗教、信仰是什么，本质上都是纯真、善良、温和的一群人。但是受到本国官商的剥削、贪污下，就算政府补助、联合国救援物资再多，偏乡能分配到的资源还是稀少得可怜，多数村民连纸都没有，更别说是受教育。摩顿森也不知道为什么会说出这样的话：“我会盖所学校，”他向村民说，“我向你承诺。”他突然发现，与把项链留在山顶相比，盖学校这件事将更有纪念意义。

摩顿森回国后，才了解自己除了一腔热血，什么经费都没有。他积极参加各种募款，省吃俭用把这些钱拿来投注在那个偏僻的伊斯兰教国家盖学校。他认为，教育才是消灭恐怖主义的良方，“无知是最大的敌人”，以暴制暴只不过是徒增彼此的伤痕。就在他的奔走、努力下，这些努力终于让他募得巨款。过了这么久，自己终于有机会能在巴基斯坦实现盖学校的梦。

但有了钱、买了物资，还要解决巴基斯坦那边的官员的百般刁难与剥削。当地官员有各种贪污手法，一点都不在乎是否牺牲自己同胞的利

益。摩顿森用各种手段，想办法以低价购买材料，并排除万难运送这些材料到这个偏僻小镇，终于建造了当地第一所学校。“很多登山客来这边欣赏美景，但从没有人想过可以为这块美丽土地上的人民做些什么，摩顿森是第一位。”就在学校落成后，他发现僧多粥少，一座学校对巴基斯坦山区来说是不够的，他必须回国继续募更多款！

很快12年过去了，巴基斯坦、阿富汗及中国西藏的一些山区，摩顿森用毅力陆续建成六十所学校。他用生命的力量去化解世界上最大的仇恨，帮助山区孩子有勇气以知识改变这个世界。

德雷莎修女说，“我们试着做的事也许只是落入大海中的一小滴水，但是如果没有那一小滴水，大海会变得小许多。”没有摩顿森，大海岂止是小很多？这也让衣食丰足的我们反思，自己为这个世界做了些什么呢？

接着，我们可以用红笔，把觉得重复的、可以删减的、与精华无关的删除。但在下笔之前，我们要先定一个目标（其实任何创意都应该先制定个目标，才不会超过负载），比如说是要删成100字、删成300字、找出故事概念，还是要抓出精神要点。先示范一个删成300字的内容如下：

我常听朋友发愿，只要有能力就回馈社会，当听到这句话，我会想起《三杯茶》。

葛瑞格·摩顿森为了纪念23岁早逝的妹妹，决定攀登K2把妹妹的项链留在山上当作纪念，一场山难将摩顿森带到了一个叫“科尔飞”的小镇。在那里摩顿森体会到受官商剥削、贪污，偏乡资源十分稀少。“我会盖所学校！”他发现把项链留在山顶更有纪念意义。

摩顿森多年努力终于募得巨款，解决巴基斯坦官员刁难与剥削，摩顿森用各种手段，想办法低价购买材料，终于建成了当地第一所学校。

十二年过去了，摩顿森陆续在巴基斯坦、阿富汗及中国西藏的一些山区建成六十所学校。他用生命力量去化解仇恨，帮助山区孩子有勇气以知识改变这个世界。这让衣食丰足的我们反思，自己为这个世界做了些什么呢？

看起来已经剩下骨架了，接下来，我们可以很轻松找出这段文章的精神要点，分别是：行善、盖学校、化解仇恨、我们该做什么？是不是很简单？这样浓缩起来，我们就不至于见树不见林，见林却不见树。

因为我读过这本书，建构在拆解者必须先具备某些知识，否则无法对事物进行拆解之下，比起没读过《三杯茶》的读者们，拆解这本书对我的意义又将不同。因为读过这本书，吸收了里面大量描写伊斯兰世界生活的悲苦、西方世界的误解、整个东西文化价值观的冲突，你会对作者的所作所为感到敬佩。教育、爱、勇气、微笑、关心，这些价值都是普世皆然的，你要消灭你的敌人，拿刀只会换来代代报复与杀伐，只有大爱能化解这一切。如果要用几句话形容这本书在说什么，我会说作者想传达的是“战争不是化解对这些人西方的仇恨的方式，应该给予知识与教育，给孩子勇气去开始改变世界”。

分解不容易，如果想要正确掌握拆解目标与方向，分解的事前功课一点都不能少。深入了解标的物的文化、行为、主张，自然就会拆解得更仔细、漂亮。就像华裔篮球明星林书豪父亲林杰明，在接受记者采访时被问到，为何林书豪在美国NBA球坛上能有如此好表现时回答的：“秘诀就是让林书豪喝牛奶吃牛肉，按照美国人的方式成长。”

拆解之二：简化，从复杂里找简单

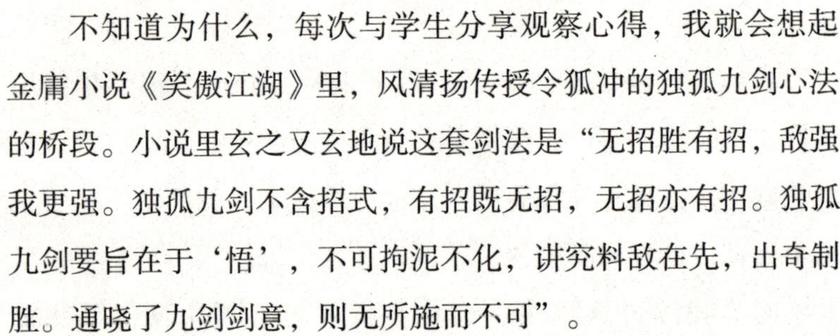

不知道为什么，每次与学生分享观察心得，我就会想起金庸小说《笑傲江湖》里，风清扬传授令狐冲的独孤九剑心法的桥段。小说里玄之又玄地说这套剑法是“无招胜有招，敌强我更强。独孤九剑不含招式，有招既无招，无招亦有招。独孤九剑要旨在于‘悟’，不可拘泥不化，讲究料敌在先，出奇制胜。通晓了九剑剑意，则无所施而不可”。

这套绝世武功不是要人背诵什么招式，相反是要“以无用之用乃为大用为原则”以看似稀松平常、一点用处都没有的方法，灵活巧妙地运用以求大效为原则。“仔细观察对方招式，迅速找到破绽，攻其所必救”则是看清楚要害所在，砍蛇斩七寸，一击得手。

同样的，分解、观察、抓重点、找关键都与独孤九剑有异曲同工之妙。经验到位后，有几个地方与流程是必看的，会了以后就不必再拘泥方法，领悟方法与了解目的背后用意更为重要。

知名的餐饮顾问陈佑松先生本身也是知名餐厅主厨，经常替餐饮、民宿相关行业做顾问辅导。一次，我与陈先生访问一家肉干店，老板拿出几包肉干让大家品尝。他硬是开了同一类型肉干的两包，我心想，陈先生也太贪吃了吧，开一包吃吃味道就可以了，又何必开两包。而且，我看他开两包还不够本，似乎还要开第三包来吃。

“你们有用切片机吗？你们有用甜度计吗？”陈先生各吃了几片后问到，“这几包明明都是同一种产品，为什么甜度口感都不相同？”

我这才恍然大悟，陈先生并非贪吃才多开几包，他是想知道质量管控是不是到位，而方法就是靠他的舌头。质量控管四个字在我脑里一出现，突然就了解许多事，包括他原先为什么如此在意烘烤过程、制作方式、包装步骤等。从他的角度看，每一包如果口感都不一样，消费者可能就会吃到甜度、口感都不相同的食物。对于想要把品牌做好，要能提供顾客一致性服务的商家来说，这些都算是很不明显却是非常重要的致命伤。

很多事情外表看非常复杂，但是总是能从中理出几条脉络。像在生产过程中，整个产品生产线就是重要脉络。如果是谈营销，那么产品包装、保存、运送、渠道、售后服务、广告也是几项重要脉络。看每一件事的时候，切记不要只用点或线去看，而是用流（flow）去看。点与线是事件，但是流却是整个活动能贯穿的中轴线，抓住核心的流，你才能把问题抽丝剥茧、细细分解。

拿一个产品来说，它本身一定带有某种目的性，生产过程可能还包含多种工序、流程，接着产品进入销售阶段，再交给消费者。使用多年之后，可能会遇上损坏、故障需要维修，或是无法再运作后的回收问题。无形的服务也有流，包含事前对员工的培训、各种材料的准备，接着客户进门后服务人员如何打招呼、解说，如何安排接待与让客户享受顶级服务。跟着这个流去想、去拆解，你就自然而然能想到很多问题，尽管你根本不了解那个行业。

拆解之三：分解创新

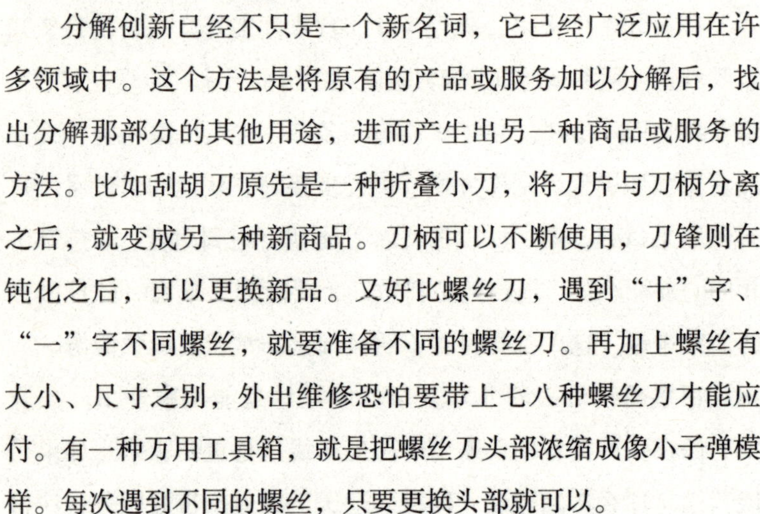

分解创新已经不只是一个新名词，它已经广泛应用在许多领域中。这个方法是将原有的产品或服务加以分解后，找出分解那部分的其他用途，进而产生出另一种商品或服务的方法。比如刮胡刀原先是一种折叠小刀，将刀片与刀柄分离之后，就变成另一种新商品。刀柄可以不断使用，刀锋则在钝化之后，可以更换新品。又好比螺丝刀，遇到“十”字、“一”字不同螺丝，就要准备不同的螺丝刀。再加上螺丝有大小、尺寸之别，外出维修恐怕要带上七八种螺丝刀才能应付。有一种万用工具箱，就是把螺丝刀头部浓缩成像小子弹模样。每次遇到不同的螺丝，只要更换头部就可以。

另外一种分解创新是将部分功能转移到其他地方使用。比如一般链条都用以拴住动物，或是绑住较大的物体，铁链等于是绳子的加强版本，牢固程度更是加倍。但是铁链有一个奇特的用途，就是在雪地中汽车的轮胎抓地力会不足，所以要加上链条（其实更像链条织的网）增加抓地力。另外有一种可以360° 转的轮子，原本应用在搬动大型物品的台车上，但后续延伸应用到办公室椅子、行李箱等地方，这些都是用同一种“东西”，水平移植到更多相关类型事物上。

不仅是实体产品可以分解，服务的拆解更是可以如法炮制。在泰国泰式按摩及古草药热敷按摩SPA店的体验，常是我用来指导其他行业服务的方法与典范，每当提到顶级服务，我就会举这个例子给人们参考：古色古香又干净清洁的店面，常让阳光进店里，让室内保持阳光明媚。一进门就有一位身穿淡色传统服装的女子，侧身鞠躬向顾客行礼问好。接着请顾客先行入座，仔细询问顾客现在的身体状况，以挑选适合的草药。如果顾客不确定想用什么疗法，那么眼前一瓶一瓶的草药精油罐，将会由芳疗师或是服务人员以专业的手法提供你试闻。据服务人员的说法，人体有自疗功能，顾客喜欢闻什么就表示顾客正需要那种草药来帮助顾客。接着，顾客会被庄重地带进一间隐私性良好的房间，在对方取出叠好的更换衣物时，贴心的服务人员也准备好竹篮子让顾客放衣服，旁边是一个大型置物柜，等顾客换好衣服，就把衣物和竹篮子一起放进去，钥匙上有泰式编织手环，让顾客可以套在手腕以便随身携带。接着，服务人员领顾客到一个舒服的椅子上坐下并为顾客洗脚。服务人员以专业的手法按摩，搭配适当的水温和充满淡香的环境，顾客在此时通常都会闭上双眼，心里已经开始期待等一下会有很舒服的SPA……

读者们如果有亲身经历过这些，就很容易融入那样的情境与氛围，现在我们必须从泰国的幻想世界中回来，回到书中的主题进行思考。关于这样的服务，到底哪里可以拆解呢？随便举几个例子，服装可以套用，如果你想开一间茶艺馆，就可以好好考虑制服这件事。如果是与朋友相约去一间古色古香的茶艺馆泡茶，读者会期待老板穿着Polo衫出来打招呼，还是至少穿个唐装呢？接着，询问的方法也可以拆解运用。这是一种心理战略：只问喜欢哪一个而不谈价钱跟服务内容。当我们问客人你喜欢哪一种味道时，客人会回答哪一种是我喜欢的，就算不买，他也慢慢进入到消费氛围中，至少之后会因为不好意思空手离开而消费。如果是直接丢给顾客一份价目表，上面写什么SAP多少钱之类的，不但让顾客没有被服务的感觉，更让人有想要讨价还价的冲动。

总的来说，分解创新有两种方式。第一种是可以拆解整体的一部分功能，然后变成套件替换其他功能。另一种是从整体中拆出一个功能，再套到其他地方使用。

拆解之四：积木化、模块化

分解久了，自然会养成一种分解习惯，就是把分解下来的对象积木化、模块化。每一个积木或模块的特色是，它能够随意与其他积木相接，这种无缝接轨的方式，来自于经验的积累。积木包含着特定的方式、做法以及资源，等于是一个分解开的小系统。以下列举我常用的几种积木给大家参考：

PPT专用积木：PPT档案电子文件、打印出的简报纸本、投影机、简报笔、麦克风、喇叭。

电子报专用积木：标题、描述、内文、追踪链接、图片链接检查、错字检查、文章联结检查、版权页。

拆解之五：工作分解

除了产品、服务外，工作也可以分解，工作流程当然也能创新、变革！因为世界不断变化，我们无法总是用同样的方式面对世界，因此广义来说，每个工作任务都类似专案项目，每隔一阵子就会改变任务，只不过有些人的专案项目时间非常长，可能一辈子都没变动过，但是多数的项目都是有资源限制与期限的。像是邮差投递信件、挨家挨户送煤气罐等工作，变动机会比较小；但如果是像申请政府科专或是辅导案，顶多一两年内就要结案。

确定专案项目之后，可以拆分成几个任务大项，然后再展开工作细节、日常活动等。这几个工作层次中，越是上端范围越大，影响层面较广，往下端则较为烦琐、较多标准作业流程。从远处看，这就像是一座大型金字塔，为了达成项目目标，企业将动员所有资源去努力实践。

工作任务的展开层次范例

	项目	任务	工作	日常活动
重点	资源限制、目标明确	要达成项目须完成的工作事项	每个工作事项，需要达成什么样的KPI Key performanve Indicator（关键绩效指标）	需要日常如何操作，才能积累每个工作事项成果。
范例	设计航天飞机椅子	制作适合太空任务中航天员坐的椅子	航天飞机火箭有317.5万千克推力，因此椅子至少要能抵抗8~9倍地球重力	模型设计 结构强化 材料挑选 耐力测试 压力测试 重力测试
			一定不要伤害到航天员	模型设计 座椅边缘打磨、加护边 安全测试
			太重影响上升速度，因此重量要非常轻	材料测试 太空环境对材料影响
			座椅要有安全带设计，容易绑上，也要容易拆解	安全设计 安全带扣环设计 快速扣测试 快速解开测试 重力测试 人体测试 压力测试
			座椅须有弹性，可以吸震紧急时可以在十分之一秒内弹射出舱外	弹跳系统设计 安全玻璃系统整合 火药系统安全测试 人体测试 太空环境测试 备援方案

注意：本范例内容为作者猜测，并非真实NASA航天飞机项目。

一般来说，工作任务多半以人为主，每一件事都跟人、相关资源、能不能执行有关。除此之外，工作分解还包括工作结构上的分解，这些项目包括：

◎ 组织结构拆解

包含所有内部的组织结构关系，各部门间任务支持状况、重复性与不重复性、人力运用度，以及比较细节的每个单位、个人工作细节描述、职能地图等。

◎ 资源结构拆解

企业具备多种资源，包括上游渠道来的素材、半成品、材料、原料，以及准备运往下游渠道的原料、成品、半成品。另一种资源则是资金、人力、技术专利、厂房设备、团队能力、图片、档案、土地、合约等有形与无形的资产。总而言之，资源最好都与企业核心竞争力有关。

◎ 企业产品拆解

如同前面的分解方式，企业由于产品种类众多，要拆解单一产品前，可能要先分出种类。因此对于产品太多的企业，还可以用这些方式拆解：按产品的物理结构分解（包括重量、形状、颜色等），按功能分解，按时间分解，按照实施过程分解，按照地域分布分解，按保存日期或是有效限期限分解，按照目标分解，按部门分解，按文化分解等。

分解中找到蛛丝马迹

留基伯（Λεύκιππο）是公元前五世纪古希腊哲学家，

也是第一位提出原子论的哲学家。他的学生德谟克里特（Δημόκριτο）是古希腊爱琴海北部海岸的自然派哲学家，他继续归纳与阐释老师的观点，认为宇宙是由不可分割的粒子所组成，他称这些粒子为原子。按照他们师徒的观点来说，当我们拿出一个苹果，用刀切开一半，然后把剩下的一半再切一半，再切一半，再切一半……这样不断重复下去，直到无法分割为止，就会出现一个微小的、不能继续再分割的粒子，这个粒子就叫做原子。

后来到了19世纪末20世纪初，科学家证明原子其实是可以再分割的。物理学家约瑟夫·汤姆森（Sir Joseph John Thomson）发现了电子以及它的亚原子特性，粉碎了一直认为原子不可再分的理论。后来大家终于知道，原来原子还可以被分解成中子、质子和电子。20世纪50年代，加速器的发明让人类发现中子和质子不过是强子的一种，又由更小的夸克微粒构成。这下人们又发现，原来中子、质子还不是最小的，于是人类又向前迈进了一大步。

我们在分解事物时，多少会遇到同类型的情况。无法分下去并不是真的无法分解，而是受目前的学识和能力的限制，没有办法用现有的技术克服。这时候你除了必须要阅读、查找数据之外、更必须访问熟知同类型事物的专家，否则会很难跳出框架、想到不一样的事物。当你能拆分它，请仔细观察每个单一组件的个别功能，领悟其中扮演的角色与重要性，学习组件在与不在时对系统的影响有多少。这些点滴经验，无论现在看来是多么的微小，相信日后都有机会变成自己在创意上非常重要的启发。

写下你的大创意：

第七章

组合　Assembly

你知道吗？我们大多数吃的食物，并非由我们自己种植。我们穿的衣服，也是别人制造的。我们说着别人发明出来的语言，使用别人发明的数学……我的意思是说，我们常用的这些东西，全是奠基在前人经验与知识之下所创造。那是一个美妙、让人欣喜若狂的感觉！①

——史蒂夫·乔布斯（Steve Jobs）

① 原文是“You know, we don’t grow most of the food we eat. We wear clothes other people make. We speak a language that other people developed. We use a mathematics that other people evolved... I mean, we’re constantly taking things. It’s a wonderful, ecstatic feeling to create something that puts it back in the pool of human experience and knowledge.”

大脑是由左脑和右脑组成，右脑负责控制人类身体的左边，左脑则负责右边。左右脑并非完全分开，两部分脑根部位置是相连在一起的，这一相连的部分，称之为胼胝体（corpus callosum）。

最初的时候，科学家并不知道胼胝体的功能，直到1908年一篇相关的医学案例发表，才揭露了这个神秘部位的局部功能。这个案例是一位精神异常的妇女，在胼胝体受到严重损害后，她的左手有时会用力掐住自己的脖子，迫使她不得不用右手拉开自己的左手。这听起来十分滑稽，但却是千真万确的事。1953年，罗纳德·梅尔（Ronald E. Myers）和罗杰·史佩里（Roger W. Sperry）以活猫做实验，研究胼胝体到底扮演什么样的角色。他们对猫做了脑部视交感神经手术，将眼球经过视神经通往大脑的路径做改变，让猫左眼接收的信息只能传到左脑，而右眼只传往右脑。在一般的生活状态下，看不出动过手术的猫有什么异状，似乎一切都很正常。

为了检查视觉与脑的关系，他们设计了一个实验，将手术后的猫其中一只眼遮住，再训练猫做“按钮进食”实验。他们先将猫的右眼遮住，被遮住右眼的猫这时接受的训练是只要按方形按钮，就能得到食物；如果按了圆形按钮，则无法得到食物。训练一阵子之后，确认猫已经完全了解这两个动作的差别。可是怪异的事情发生了，当把遮住的眼换成左眼后，却好像换了一个脑袋，完全不记得之前的训练，出现了有时按圆形按钮、有时按方形按钮的状况，显示当初训练产生的记忆已经完全消失。史佩里认为，实验结果显示，左右脑一旦分开，将会变成各自独立学习的意识体，分开的左右脑将各自为政，不会互相传递信息。所以猫左脑学的知识不会与右脑同步。

		遮住猫右眼	
手术改造		左眼仅连到左脑，右眼仅连到右脑	
训练项目	看的东西	“■”符号	“●”符号
	按下结果	得到食物	没反应
结果		猫每次都能吃到食物	

↓

训练熟练后

↓

		改成遮住猫左眼	
训练项目	看的东西	“■”符号	“●”符号
	按下结果	没反应	没反应
结果		忘记了之前的训练	

猫用左脑学到的知识，完全不会与右脑同步

“癫痫”是一种脑部疾病（民间俗称羊角风或羊痫风），患者发病时会突然丧失意识，全身肌肉发生强烈抽搐后倒地、蜷曲，如果不扳开牙齿，很可能发生咬舌自尽的憾事。当下交感神经错乱，流口水、尿失禁也会发作，这种病在当时是无药可医的绝症。史佩里认为癫痫发作时，左右脑相互传递错误且混乱的信息，可能是造成患者无法控制自己身体的主因。为了研究治疗方法，他大胆将连接两个脑的胼胝体切断，让患者的信息无法传递。手术后患者病情获得前所未有的改善，几乎不会发病，由前面从脑分裂者的案例我们知道，这种治疗方法不会出现严重的行为不良后遗症。

尽管术后短期不会有明显后遗症，但是在少数案例中，部分患者出现脑病变、双手不协调等问题，史佩里为求谨慎开始进行更多实验。他让脑分裂患者左眼看一个“钱”的符号，右眼看另一个“问号”，当患者蒙住右眼时，请患者将左眼前看到的东西拿起来，此时患者很快拿起了“钱”的符号。这时候，史佩里问患者你拿到的是什么？患者竟然回答是“问号”。原因是判断拿起眼前物体的能力，左右脑都一样，但是要看清眼前的物品是什么，左右脑刚好相反：右脑管控左眼，也就是说，左脑管控右眼。

	人体左部	人体右部
实验器官	左眼/左手	右眼/右手
该器官看到的东西	“钱”符号	“问号”符号
请患者将眼前看到的东西拿起来	拿起“钱”	拿起“问号”
问患者拿到的是什么？	“问号”	“钱”
根据实验推测		
控制的大脑	右脑	左脑

通过更进一步的深入研究，史佩里发现大脑不但各自运作，而且左右脑在功能上也有极大的差异。左脑主要负责逻辑推理、记忆、时间、语言书写、分析判断、排列、分类、五感（视、听、嗅、触、味觉）等，大多都跟意识、分析判断、实时反应有关系。右脑主要负责空间形态、直觉、情感、想象力、灵感、顿悟、身体协调、艺术、音乐节奏等，偏重解决办法、创造新事物以及本能反应。史佩里因为对人类的左右脑不对称性，以及左右脑分工现象的研究，在1981年获得了诺贝尔生物医学奖。

大脑半球	左脑	右脑
主要功能	逻辑推理、记忆、时间、语言书写、分析判断、排列、分类、五感（视、听、嗅、触、味觉）等	空间形态、直觉、情感、想象力、灵感、顿悟、身体协调、艺术、音乐节奏等
核心能力	与意识、分析判断、实时反应有关	偏重解决办法、创造新事物以及本能反应

许多教育学者依据这些理论，把大脑学习事物与运作方式拆解成左脑学习、右脑学习两大类，但实际上，这几乎是不太可能拆解的。当人脑在运作时，左右脑虽然有功能上的分工，可是却是相互间高度依赖。如同打篮球的时候，不管你是右手控球还是左手，你的另外一只手也没闲着，它常用来平衡身体的。所以进行右脑训练时，偏右脑功能的教材多一些，但目的还是在训练左右脑协调运作。同样的，左脑训练时也一定会影响到右脑，两者之间并无法拆解。

左右脑是高度整合的结果，这种天生的优势，是许多生物所没有的。左右脑各有其特殊能力，尽管差异甚大但却能相互整合，彼此彰显优势、互补其短，好比能征善战的武士，一只手拿破敌无数的剑，另外一只手则提刀枪不入的盾。功能组合型的大脑，本身就善于组合各种知识与经验，能随时发展出最大的思考变化。后续讨论组合所发挥的能力时，读者就会知道老天爷设计左右脑一文一武的用意何在。

创意是人与事的组合

世界卫生组织的数字显示，全世界目前有300多万婴儿平均活不到1个月的时间，100多万婴儿在出生当天就过世。早产大约占死因的25%以上，出生体重过低则是婴儿死亡的最大风险，根据全球统计，每年约有180万的婴儿因为缺乏保温而间接死亡[①]。

在较为落后的国家，医疗资源非常缺乏，保温箱是相对非常昂贵的资源，而且这项设备需要供电，若有零件故障也难以迅速补充。2004年南亚海啸，印度尼西亚的美拉布（Meulaboh）获捐赠8个保温箱，平均每个要价3万美元以上，折合人民币约19万元。2008年年底美国专家团队再度造访，意外发现几乎所有的保温箱都因湿气损坏，加上医院中没有人能看得懂英文维修手册，因此保温箱就这样被弃置不用。根据杜克大学（Duke University）的工程世界卫生组织（Engineering World Health）进一步调查发现，捐往发展中国家的保温箱约有98%会在5年内发生故障而无法使用。

替代方案有很多，其中最简便提供维持婴幼儿体温调节的方式是袋鼠妈妈护理（Kangaroo Mother Care），这种方式很像袋鼠哺育幼儿的方式，直接用布袋包裹后把新生儿放置在母亲胸前，利用母亲体温帮助婴儿保持温度。但是在发展中国家，这种方式还是遇上了许多困难。首先是每年世界各地约有53万名产妇在分娩时死亡，这些新生孤儿并没有妈妈可以照顾他们。除此之外，许多人在分娩时因体力、生病等各种因素无法使用袋鼠妈妈护理。实际上，发展中国家的人力资源非常

① 数据源：世界卫生组织媒体室，网址：http://wwvw.who.int/mediacentre/factsheets/fs333/zh/index.html

珍贵，母亲一向是最廉价的工人，为了产后依然能持续的工作，新生儿常必须被强迫和妈妈分开。

这个关系复杂、问题盘根错节，连政府都没有办法解决的问题，却很有可能将被一个奇妙的组织克服。Design that Matters是一个非营利组织，简称DtM，总部设在剑桥、麻省理工学院，他们以世界上科技相对落后的发展中国家为目标，发展与提供能让这些国家的老百姓过得更好的设备。他们建立了一套完备的协同设计过程，数百名来自世界各地的志愿者在学术界、工业界捐出自己的技能和专长，为这些有需要的社会创造突破性的产品。

回到婴幼儿体温调节问题的本身，最有效降低婴儿死亡的方式，保温箱仍是一个很好的解决方案。但是目前保温箱太贵，对发展中国家的多数医院来说无法负担，而且遇到故障，当地又没有适合的零件予以补充，加上维修技师也难找，势必要在当地运用现有资源开发另一种保温箱。

几年前，强纳生·罗森（Jonathan Rosen）博士观察到在发展中国家，尽管没有手机、计算机、有线电视、电视游乐器等设备，但是每个小乡镇一定会有一家汽车维修厂。而在这些国家中，日本丰田汽车就像某种标准车款，到处都可以见到。他慢慢地理解到，这些国家的人民选择同一种车也是基于维修考虑；因为买不一样的车，会出现零件补充不足的麻烦，而且如果坏了连有能力维修的人都找不到。罗森博士突发奇想，提出利用回收车辆的废零件再制成早产儿保温箱计划，这计划获得Design that Matters大力支持。

组成并参与这项设计的团队，包括麻省理工学院、罗得岛设计学院、斯坦福大学以及亚利桑那大学的志愿教师和学生，另外IDEO以及波士顿的外包工程师把细部设计完成。原始第一版模型由罗得岛设计学院毕业的汤姆·魏斯（Tom Weis）、麦克·哈恩（Mike Hahn）、亚当·杰雷米雅（Adam Geremia）参与设计建造。第二版模型则是由汤姆·魏斯（Tom Weis）、埃米莉·罗斯柴尔德（Emily Rothschild）、辉武（Huy Vu）、保罗·雪伍伯尔尼特（Paul Sherwood-Berndt）麦克·唐纳里（Mike Donelly）等人参与设计建造。

经过设计的新保温箱被命名为“新培育（NeoNurture）”，汽车的头灯被当成加温器，仪表板风扇提供过滤的空气循环，警报铃在温度变化时发出提醒，电源同样改造成汽车电器系统，能有效防止过高的电压突波。这个全新的设备不需要额外训练维修人员，当地任何一位汽车维修工，看到“新培育”内部的机构会觉得似曾相识，只要几分钟便能迅速从汽车零件中找到适合的零件加以补充、替换，能够省掉很多维修培训成本。更重要的是，这种新的保温箱成本低廉，制作速度比一般保温箱更简单、容易。

很难相信，一个原本复杂的问题，就这么被这样一个简单的想法给解决了。高科技、不易生产与维修的保温箱，现在改成回收汽车零件当做材料，制作成实用又容易维修的保温箱。其中的重新组合设计过程，既经济又实用，绝妙的突破性想法让人佩服。有趣的是，完成这个想法的团队，也是通过志愿者招聘组合来的。团队里面有医生、设计师、工程师，目标是为了将这个创意真实实现。

创意的生成与组合的威力

每个人的想法，几乎都是奠基在前人的成就之上，要做到完全原创实在是太难了。这就像建造一幢大楼，我们很难凭空从四楼开始兴建，总是需要一楼一楼由下往上开始盖，越下层越是基础，甚至发明的人是谁早已不可考证，可是这些成就确实给了我们最好的基础。少数几位天才型的发明家、理论家如意大利文艺复兴时代设计家李奥纳多·达文西（Leonardo da Vinci）、或是在1822年就设计出可以编程计算器的英国数学家查尔斯·巴贝奇（Charles Babbage）等，确实比同年代的任何一位都要先进，不过达文西仍摆脱不了机械学原理，巴贝奇还是需要靠机械师傅约瑟夫·克莱门（Joseph Clement）帮忙打造差分机（Difference Engine）。

毋庸置疑人脑是左右脑组合的产物，人脑想的也是不断地把东西组合起来。大脑最大的创造力，在于把截然不同的事物，用最特别的方式组合在一起。我自己大胆猜测，光是依靠组合这个能力，产生的创意能量就够任何一个人一辈子取之不尽用之不竭。

多年前，我们普拉爵文创便以体验式学习闻名，设计了许多门教育训练课程，课程目标是让柜台人员可以对客人提供更好的服务。要让柜台人员改善目前的工作方法，不外乎是加强举止礼仪、谈吐话术、产品专业能力，除此之外好像也没有什么别的做法。只要上过几次课，学员就渐渐开始对这种课程失去兴趣，更多的抗拒在于学员自己每天都在第一线，没有真正接触第一线工作的老师又怎么知道第一线工作者的痛苦呢？教这些看似有用的东西，能帮助现场的业绩提升吗？前后左右柜台无不以紧凑营销活动、广告传单拼命发送，我们在这边接受这样的训练到底有什么用呢？

学员的心声都反映在回信与反馈的电子邮件上，给了我很多修改方向。虽然我在课程设计上已经添加许多互动元素，但我慢慢能理解学员的痛苦，学员心中是保持“花时间就想学点东西”的心情，是来求工具、找可运用的“致命”武器。但这类课程千篇一律，很像定期服用的营养补充剂，吃多了身体早已产生抗体，效果也就大打折扣，最后我就慢慢地不开这类“鸡肋”课程。

前几年，我在研究青年发展的时候，无意间接触了多元智能和相关评测，这一些诊断工具通常是属于心理学的范畴，跟教育相关科学就像是独立演化的两个系统。通过进一步的研究，我发现确实能通过一些评测系统，在短时间内了解人的个性、习惯、反应等属性，于是我开始草拟问题，制作最原始的模型，并且慢慢积累数据库。为求精确，每当测完一位我就会亲自口头告知结果，并要求诚实回复我所检测到的结果哪边是对的、哪边不对。经过上百人次的测试后，终于有了第一套的个性评测系统。现在，这套系统已经累计千人数据，可信度与有效度慢慢提升的同时，要准确判断一个人的个性已经不是难事了。

这套系统能做些什么事？我当初还没想这么多，只是如果一个人想知道自己的个性，我就能够协助他快速进行测量，并且分析这个人个性上的优点、缺点、喜欢在什么样的环境下工作、讨厌做什么事等。我相信这对了解自己、进行职业生涯规划也会有所帮助。不断积累，准确度只会提升，系统发展到了后来只要我在测验完后向对方口述与分析检测的结果，十位有九位都会说“这是算命吗？好准啊！”说穿了，这是心理学和统计学的合体，跟算命一点关系都没有。但我想算命还是许多人的偏好，喜欢怎么说就由他们去吧！

有一次，一家进口饼干公司要我帮忙设计一堂课程，目标是“让柜台人员可以对客人提供更好的服务”我心想，这不就是早被我列为对学员来说是“鸡肋”等级的课程吗？“鸡肋”课程的特色是老师没有成就感，学员也未必有收获。正当我想打电话回绝时，碰巧看到个性检测问卷窗口，突然迸发了一种全新的想法。这种想法前所未有，就像是水到渠成一样，素材完备创意自然就会出现。就像每一个人在念高中时做过的化学实验一样，每一次的实验都会在烧杯里加入不同的化学药品，只要放对了材料，自然就会发生化学反应。但如果在实验过程中一点反应都没有，这就表示如果不是欠催化剂，就是你加入的药品本来就不会相互反应，尚需要其他的材料才会出现反应，这就是时机未到。

于是我请普拉爵文创的同事重新设计了一堂以个性检测为主的“让柜台人员可以对客人提供更好的服务”课程，第一层次开始时每位学员需要先进行个性检测，然后用我之前已经发明出来的分类法把学员分成十六大类型。我再一一把这十六大类型的个性优点、缺点说出来，不但如此，我附加了一些修炼的方式，让学员在惊呼神准的过程中，也勤做笔记，省思如何修改自己的毛病。在第二层次时，我们把个性检测的对象换成是客人，利用简易评测在不必问话、不必填答案的状况下，短时间内分辨客人的个性、喜好与脾气。为了说明方便，我应用每种类型在个性上的偏好制作了罩门列表，帮助学员见招拆招、见不同人说不同话。最后第三层次，我们仍应用这个方式，找出内部管理与同事相处方法，当然学员知道每一个人的个性是各有所长、各有所短，团队难能可贵之处是相互依靠所长、互补所短，就更能体谅与尊重对方，容易渡过各种难关。

结果这堂混合组合表演艺术、团队合作、心理学、教育学、管理学、客户服务和实务演练的课，一直到现在为止，仍是最受欢迎的课程之一。

两种以上的混合

人对于混合会产生临时性陌生感，这种陌生感接着会引发好奇心，有了好奇心自然就愿意多花时间留意，这时候你的创意就离成功不远了。知名的劳瑞斯牛肋排餐厅（Lawry's The Prime Rib）说牛排上撒一点海盐，将更能提味。白族的诺邓火腿，是用盐卤来腌制，新鲜猪腿被彻底放血，再用诺邓产的包谷酒在猪腿上均匀地撒抹一次，最后均匀边撒盐边搓揉，让猪腿充分吸收那种特殊盐分。无锡有名的梁溪脆鳝，口感酥脆，是由新鲜鳝丝经过两次油炸而成。亮褐色的外观，松脆又带有甜味，对于味蕾的震撼让人久久不能忘怀。位于台北故宫博物院的三希堂所提供的一道特色餐点，是在地瓜上撒一点金箔粉，更显示出料理的尊贵。台湾台东县的春一支商行的特色商品——释迦棒冰，里面还有释迦种子（释迦是一种热带水果），大热天舔上一口那感觉真是笔墨难以形容，味道让人大呼似曾相识。台湾南投县中兴新村正典牛乳大王卖的冰砖三明治，一口一口像吃夹心冰淇淋，你不得不佩服发明人的脑筋。台中县的“日出凤梨酥”设计出让人反复检查的外包装，搭配“不懂五号，你不懂香水；不懂二号（二号是台湾土凤梨品种编号二号的意思，这个品种味道酸中带甜味），其实你不懂凤梨”等让人会心微笑的文宣，总会让拿到的每一个人记得好久好久。这些创意的来源都是在混合，有些是同类相混，有些是文化相搭配，还有一些混合得太凶、太猛，出的产品与原样差了十万八千里。

如果深入研究，不难发现这些创意跟波西米亚的多层次穿搭像极了。先有一个基底，然后不断往上堆栈、累积，最终产生一个本质还是基底，但是口味已然转换的新样貌。

这里不妨做一个实验，第一个吃柳橙的人是一个创意，第一个把柳橙榨成汁当然更是创意。但是到这里，还要再变出新把戏就有点难度了，我们要如何建构在既有发明上，继续将柳橙发扬光大呢？首先柳橙可以变成内馅，饼干、面包、糖果、冰淇淋里面可以加入内馅，成为各式各样的变形产品。柳橙汁也可以混合，跟西瓜、水蜜桃、苹果、芹菜汁、猕猴桃汁混合，可以产生各种功效各异的特调水果汁。这些全部的基底，只不过是柳橙而已。那么，针对柳橙你还变得出什么把戏？

两种以上的混合添加非常容易，但首先你必须把“不可能”这三个字扔了，世界上没有什么不可能的。20年前，我们还在期待公交车时刻表能准时，到了2012年，我们可以用手机APP预先查看飞机与公交车已经开到哪里，再不必伸长脖子往地平线那头张望。话说回来，是不是有一种工具，可以帮我们把旧东西、好东西、怪东西拿出来组合一下，就能产生新创意呢？创意能不能经过训练，以后就可以想有创意就有创意呢？为什么人家能想到东西，我就想不到呢？答案很简单，平时没创意，在于你的创意生成方式可能是采用“灵光一闪”的模式；又或者是你要在某种情境下，才有较高几率产生创意？其实这两种方法都很不可靠，创意如果像金庸小说《天龙八部》中的主角段誉练六脉神剑那样时有时无，临敌肯定要吃大亏。真正的创意管理，在于一套有效率的创意生成系统，随时都能想出一些点子，这样自然能不断产生出创意。

SQTIC创意生成系统

创意的组合堆栈方法非常多，每一种方法都有各自的好处，却也很难做到面面俱到。少数创意方法在使用中逐渐演化成了工具，能够有系统地产生创意又便于使用，在自己毫无头绪又必须挤出点创意的时候，这些工具总是能帮得上忙。我把前人的各种组合创意方式进行归纳、分类，最后产生了SQTIC这五种创意生成方法，几乎所有的创意都逃不过这五大类变形。SQTIC刚好是五个英文单词的前缀缩写，S代表简单（Simple）、Q代表对质的追求（Quality）、T代表想法（Thinking）、I代表单独（Independent）、C代表改变（Change）。

用途与条件

SQTIC这五个字的用法很简单，主要是提供组合发想之用，很适合要进行联想、创意工作，但目前没有头绪急需想法的人使用。发想的人数通常五个人最好，超过五个人以上进行讨论有可能会减缓效率，而一个人独自发想则会陷入泥沼，除非你已经熟练，否则还是拉几个伴儿来帮你吧。讨论时人选的背景差异性要高，才能得到比较不同的创意，重点还是要选择能触类旁通的伙伴，至少要勇于发言。我建议在开始前，可以有一个简单的评估筛选机制，而不是什么人都可以加入。在创意团队里有三种人很重要，一是要能直言不讳的、二是有想象力的、三是踊跃发言的，这些伙伴可以帮助你把这个任务做得更好。在开始进行创意发想之前，请先详细了解以下的使用规则。

规则一：先定好明确的题目

很多人在进行创意发想，是采用“胡思乱想”的方式，这种做法既不易聚焦也容易浪费时间。我的建议是在每次发想前，把题目写出来，并且有必要解释内容或针对某些名词进行详细定义。比如，邀请大家来发想“年度尾牙活动”，就把这句写在白板上，然后在这句下方写上目标、预定时间、经费、条件。比如讨论活动流程、讨论所有活动内容、预定在今年十二月或过年前办理把目标的细节具体写出来后，这样大家在讨论时就不会失焦。讨论前的目标制定非常重要，主持人要先对本会议的期望值、成果非常了解，最好自己制作一份检查表，确保应该讨论的项目都讨论到。

规则二：发想时想到什么都先写下来，不要先把“可行性”当限制

换句话说，在一开始就以完成题目交付事项为主，天马行空也好、突发奇想也罢，能够达成才是好想法。但是过度狂想，总是不切实际，所以在提出解决办法时，还是请围绕在现今科学技术可以办到的范围内，这样也比较可能执行。

规则三：保持弹性

SQTIC虽然有许多种发想分支，但并非每种都一定要有答案，如果在某个单独项目中没有想法，可以先跳过去没关系。每一种的发想次序都没有限制，想到什么先写什么才是对的做法。

SQTIC意义说明

那么，要如何运用SQTIC的方法呢？首先，简单解释这几个单字所代表的意义：

S是简单／Simple：这里的简单包含有分解、单纯、简单、简化、少、片段、部分等。所以针对每一次的发想题目而言，所有与简单延伸意义相关的，都在这个程序中先写下来。比如，想要设计一个手提包，它的可能性就有可能是素面、里面没有隔间、没有提把，用塑料压制的方式一体成形，包包可以折叠等。又好比拿西瓜做“简单”发想，切片、切丁、打成汁，又或者整个完全不处理，这都是属于简单的概念范围。

Q是质的追求／Quality：这里的质包含有质量、优质、高级、超水平、贵重、期待、精致、高档、复杂、细节、要求的意思在里面。同样以上述的手提包为例，包包上面的手工皮雕、手工的铜扣采用老师傅祖传织法，为包包做一个精致外包装，包包里面附一张由制作师傅亲笔签名的保证书，包包的花色是采用慈禧太后的御用手帕等。又好比西瓜做“质”的发想，把西瓜皮拿来雕花、果肉弄成球状、西瓜汁掺进三种不同品种西瓜汁而成，装西瓜汁的杯子很特别。

T是想法／Thinking：这里的想法包含有概念、表达、投射、形象、意念、传递、思想等。同样的例子在这边就可能是，包包的图案代表文艺复兴，配件代表波西米亚元素之类，包包是由精通明朝工艺的老师傅打造而成，用回收材料做的，而买这种回收材料，包包则是挽救森林，让设计凌驾提包本身的材质与功能。在进行的过程中，请记得把原始想法、缘由用简单几句记录下来，不然有时发想太多的时候，回忆时很容易忘记初衷，这样就太可惜了。我自己的习惯是在发想过程中，把概念用括号标记起来以资区别，就像“长城脚下的民宿（可结合当地人举办的体验活动）”。

I是单独／Independent：这里的单独包含有单独、一个、孤单、少量、独立、小、个别的概念。同样以提包为例，可能性就会是限量、每件各异、客制化、每天只生产一个、在包包里面还有一个分离式的小包包，这些单独的概念还可以延伸，比如特有的、稀少的、难能可贵的、限定一人等意义。

C是改变／Change：这里的改变包含有不同、突破、转型、跳脱、没限制、新奇、讶异等意思。改变具体上也有很多层意义，比如形态、外观的改变，功能用途上的改变、意义上的改变、使用者的改变。如果要用具体的方法去找，5W1H[①]的方法在这里也适用，谁、为什么、是什么、在哪里、何时、如何这些字眼，都可以为创意找到出路。同样的提包例子在这边可能就会是用书包来取代包包，将材质变换为塑料袋、竹藤、麻布，又或者像有些设计者那样将包包图案做成比基尼辣妹，侧边背时，从侧面看就像穿着比基尼一样清凉。

在了解这些名词后，每次发想时，就可以用这些当引

---

① 5W1H分析法，其中的字母分别指的是WHY、WHAT、WHERE、WHEN、WHO、HOW，最早是由1907年诺贝尔文学奖得主拉迪亚德·吉卜林（Rudyard Kipling）在作品“The Elephant's Child”中的开头中出现，后来被广泛传播与应用在传播与管理等领域。

子，然后针对特定题目，想想还有什么可能性。

发想工具使用方法：【第一阶】

准备一张白纸或白板（越大越好），在上面画出这样的表格，左边写下SQTIC。也可以用计算机进行这样的表格排版，再用打印机打印出来，这样就能重复使用了。首先，也是最重要的一点：请先确认题目。如同前面提到的，题目必须具体，并且必须有共识。接着，在左边S的项目中，右边就对应填入适当的发想。剩下的QTIC也是一样，都请在右边填入你的发想。如果可以用画来表示，就不要用字来写，但是要加上注释。

题目	
S	
Q	
T	
I	
C	

在发想过程中，发想人员可以跳跃着想，也可以想不到就先跳过去。在实际的运用上，并非每一个SQTIC项目都能填完，少数的案例中，已经够“简单”或够“复杂”了，再简化或是再复杂就会失去某些意义。为了说明方便，这里以设计脚

踏车为例，看看能做出什么创意发想。首先，我们先把题目确定好，假设小组已经被指派进行“下一季的脚踏车”项目。针对下一季的脚踏车设计规划，如果利用SQTIC方式你还能发想设计出什么样貌的脚踏车？

题目	下一季的脚踏车
S	独轮、轻巧、折叠、素色、纯色、可拆可组、可变换把手、可变换配件、一人可以拿得动、便于携带、可以放进包包、子母车、无提篮、一体成形、无链条、免维修
Q	镶钻、闪亮、名牌、有照后镜、有手机架、可以装水壶、加GPS、有车灯、有方向灯、跟安全帽成套、有防盗装置、防爆轮胎、超级纳米钢骨、太空座椅、附车衣、通过防撞检测、有安全气囊
T	全手工打造、无尘制造、自动驾驶、云端脚踏车、车子路线可以上传与记录、内附摄影与拍照、轻松风、休闲风、上班族的好帮手、安全（设计成不容易被偷）、收纳方便（可以缩小放公交车上，或折叠好放在办公室里面）、宠物座、情人座、杯架（可以放路边买的饮料）
I	独一无二的、个人化的、每一台都是一个组件、可以拆卸成小块、有独立的服务中心、有独立的车号、有唯一的内置RFID（防盗协寻）、限量、可以在钢骨上打印名字、收纳时有个单独的防尘车衣
C	两人前后座、三人座、两人并排座、用电机动力、用蓄电池（平时蓄电、上坡运转）、采用木头或竹材质、不要轮胎改用链条、能够变颜色、配件可以拆卸重组

再次提醒，如果会画图，用画会比用写得好。有些画面仅用写的，还是未能将概念表达完美，毕竟我们脑里想的，能否有效传递给其他人才是关键。另外还有一个方法也不错，将在墙上或桌上粘贴SQTIC五个大字，接着发想人员把想法写在即时贴上后贴上去。最后，在每次完成各种创意发想后，用拍照的方式存盘，然后分享给伙伴们。

发想工具使用方法：【第二阶】

培训SQTIC一阵子后，有学生向我抱怨点子又不够用了。显然有人成天求新求变，他们还需要更强、更多、更多元、更丰富的想象力刺激工具（如果读者有看过《探险活宝（Adventure Time）》这个爱搞怪的卡通，就会懂我的意思。有一集老皮和阿宝玩想象力游戏，老皮想象自己有一个想象力开关，以至于想象出很多有趣难关，而阿宝则想象去关掉老皮的想象力开关，这位编剧真有想象力，我相信他一定也有一套类似的工具）。虽然SQTIC对一般人来说已经很够用，但是进阶版SQTIC想不到点子的时候，能紧急派上大用。方法跟原理如同第一阶，但是我把联想意义扩充多了一倍。

方法仍然是先准备一张越大越好的白纸或白板，在上面画出如下这样的表格。（再次提醒，确认题目是最重要的事）接着，将左右两边留下空间，＋与－分别代表正面与反面两组意义。

+	题目	-
	S	
	Q	
	T	
	I	
	C	

第二阶与第一阶方法一样，重点也是请打开灵感天线、放下一切障碍、不要受到束缚，尽量将点子多列些出来。与前面一样，用画的会比用写得好，至于内容部分这边就不再多举例。关于正面与反面意义是什么，在此做一个总整理，包括前面第一阶的意义和内容都放在同一个表中，细节请参考下表。

正面		代号	反面	
正面意义重点	正面意义		反面意义	反面意义重点
分解、单纯、简单、简化	简单	S（Simple）	细致	详细、繁复、精致、细节
质量、优质、高级、超水平、贵重、期待	质的追求	Q（Quality）	量的追求	数据、比例、多、证据、堆砌、吃到饱、无限量、次数
概念、表达、投射、形象、意念、传递、思想	想法	T（Thinking）	做法	用法、操作、行为、方式、实践、参与
一个、孤单、少量、独立	单独	I（Independent）	群体	比较、组合、重复、模块、复数、重叠
不同、突破、转型、跳脱、没限制、新奇、惊讶	改变	C（Change）	稳定	复古、传统、老派、守旧、稍改、仅改外形、仅改内装、安全牌

把你的点子组合起来

丹麦木匠奥尔·科克·克里斯帝森（Ole Kirk Christiansen）从1932年起就开始制造木头玩具，1947年他和儿子从其他塑料积木得到灵感，开始生产类似的玩具。他将这个积木公司取名为LEGO乐高，意思是玩得好！

LEGO积木独特的地方是它们能紧密地扣在一起，按照维基百科中的说法，如果你有六块八颗凸起的长方体LEGO积木，“这六块积木可以砌出一亿零两百九十八万一千五百多款组合。这个数字还仅仅是限制于垂直、水平的基本组合方式、不考虑斜向等特殊组构法的结果。”

组合点子过程其实跟组积木没什么两样。别以为事情不可能，不可能实现才是机会所在。发音芯片是近代的产物，里面放一颗小型电池，再选择不同的触发机制，就可以变化成多种产品。发音芯片放在生日卡里，一打开卡片，就会开始唱生日快乐歌。发音芯片放在麦当劳玩具中，就可以让海贼王、樱桃小丸子、哆啦A梦发出可爱的声音。放在娃娃里，搭配摇动触发，就能变成小女孩的最爱玩伴。发音芯片搭配电磁波传感器，当手机收到信号时，发音芯片便开始播放音乐，有时候这装置外观还会制作成跳舞娃娃，非常讨人喜爱。发音芯片是一种关键积木，从这里衍生的产品不知道有多少。关键积木是创意中很重要的核心，一个人往往都有一两个以上的杀手级关键积木，有人喜欢称为这种积木是个人专长或是熟悉领域。每一家公司、企业也应该要有几个关键积木，可能是know-how、经验、专利、技术或是发明等企业核心能力。关键积木有市场领先或独占优势，所以能变出许多把戏，其他积木只是在上面堆砌、累加，利用关键积木加值。

积木的特色是只要你愿意，什么都可以组合在一起，只不过组合起来未必有意义。但是你千万不能停止尝试，很多事情，大脑里面想是一回事，动手做会有全然不同的想象。积木组在一起的时候，就算没有发生用处，可是你会得到经验，至少你知道这样做办不到。

本章最后为读者准备了两个作业，让读者可以在阅读之余进行更进一步的练习。

积累积木数量

积木能不能组合，只要动手进行组装就知道。虽然我们谈的积木是影射创意组件，但是不妨想象一下，每个人的积木数量跟经验多寡的关系。按道理说，一个人的积木数量越多，就越能创造组合类型，而且每多一个积木，组合种类就成倍数增加。然而一般积木很容易得到，关键积木很重要却很难取得，你可能要练习很多次，或者是耗费一些代价，才有机会得到这些重要积木。

因此，我们可以运用各种方式，提升自己的积木数量。这些积木未必有固定的形态，有的甚至根本就是无色无味无形状。这些创意就算你得到了，也未必知道自己已经得到了，就只是会觉得好像有点那么不太一样。阅读、听专家分享、实际参与都是很好的方式，在参与的过程中都能让人从中汲取一些点子的原料，而且这些点子是会积累在你脑子里面，它们就像一团团的化学原料，只要积累够多、时机到了就会开始发生奇妙反应。

积木不可能自行繁殖，也不会永保安康。如果要不断保持创意力，就应该知道这些积木也会钝化、老旧。你无法在一口缸里拼命舀水出来，却还期待它总是、随时都能舀出水来。你也得经常为这口缸添一点水才行。当你的积木积累上够多，大脑内部终将发生更多的化学反应，甚至也会产生自己的想法，这时大脑就会慢慢朝一口井的状态迈进而并非仅是一口缸。一口井的特色是你不舀水进去，它也能自己慢慢产生水，这种原创的点子是许多点子家梦寐以求的资源。

创造碰撞次数

1978年以前，大家要听音乐可以通过床头音响、收音机，这些大而笨重的设备，播放时周围每一个人都听得到，无法清静独享。为了解决这个问题，Sony公司的两位创办人盛田昭夫和井深大决定开发新式便携型音响。我们现在无法想象耳机加上收音机的组合会有多难，但是Walkman在正式诞生前，确实遭到Sony内部同事的批评与漠视。

当时在Sony公司反对者什么理由都有：没有人会边走边听、音响就是要这样播放、耳机没电力供应怎么可能、要做随身携带太难了啦！……这些问题要被克服，技术问题还是小事，心态障碍才是大麻烦。事实上，Walkman成功影响的不只是机械的变革，他引发了一场前所未有的革命，音乐界、渠道、媒体、音乐爱好者、创造规格、普及了流行音乐、改变音乐贩卖模式，无一不受影响。直到Apple公司的iPod出现前，地球上几乎没有人抵抗得了随身听的诱惑。

中国有句俗谚，不打不相识。要有好的点子，就请多让点子与点子、点子与你的大脑间互相打架。商人为了要让消费者轻松买东西，发明了分期付款。为了让消费者不出门也可以买到商品，所以发明了邮购。这两件事里有多少件点子拼装，你可能难以想象，这些都是点子与点子碰撞产生的火

花！为了产生独特的创意，你可以任意让点子间互相碰撞以产生新创意，训练自己将点子常组合、常碰撞、常颠覆自己的大脑、常改变自己大脑的回路，你就有机会产生更多的特别创意！

写下你的大创意：

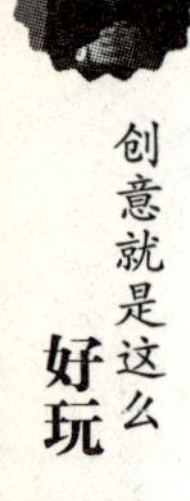

第八章

意外　Accident

不是我发现它，而是它原本就在大自然等着我们去发现。

——亚历山大·弗莱明（Alexander Fleming）

亚历山大·弗莱明13岁的时候，意外地得到姑舅父的一笔遗产，进入伦敦大学圣玛丽医学院（St. Mary's Hospital）念书。毕业后，他继续留在母校的研究室，跟随他的老师阿莫斯·赖特博士（Almroth Wright）进行免疫学方面研究。

第一次世界大战爆发后，他去战地医院协助进行伤兵因为伤口感染的治疗，在医院服务期间，他体会到细菌对人类伤口伤害的严重性。因此弗莱明和他的助手把研究重心放在葡萄球菌上，这种病原菌几乎无所不在，它也是伤口化脓的主因。他们先在细菌培养皿内繁殖葡萄球菌，并且试验各种药剂对葡萄球菌的作用，希望能找到一个消灭它们的办法。

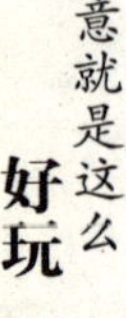

1921年11月，弗莱明得了重感冒，每天都在流鼻涕。有一次在培养黄色球菌时，他刻意将自己的鼻涕滴在固体培养基上。不久后，弗莱明发现一个奇怪的现象，培养基上原本应当遍布球菌的群落，但在鼻涕黏液附近却没有菌落的踪影，而鼻涕附近出现的半透明液体，也是他从未见过的东西。经过仔细分析后发现，这半透明的物质是细菌被融化的产物，通过进一步的实验与分离，弗莱明发现了溶菌酶（lysozyme）这种物质[①]。不过这个好运气并没有为他带来奇迹，接着连续七年间，弗莱明用尽各种尝试，都没有从溶菌酶发展出什么有效的疫苗。

1928年的夏天格外酷热，赖特研究中心破例放了暑假。失败的实验加上蒸腾的气温，弗莱明决定去海边透透气。有点

---

① 溶菌酶是一个分子量为 14.4 kDa 的酶，它能够轻易地破坏细菌的细胞壁；在人体中，溶菌酶在细胞分泌液，如唾液、眼泪以及其他一些体液中广泛存在；溶菌酶会结合到细菌表面，减少细菌的负电荷并协助白细胞对细菌的吞噬作用。换言之，溶菌酶使得吞噬性白细胞能更容易地吞噬细菌，在先天免疫的角色中扮演第一线防御机制的角色。但是因为溶菌酶分子太大不能在细胞间运输，只能在局部起作用，故不能作为药物广泛使用。

失意的他，连实验台上设备都没有收拾，就这样离开了实验室。直到9月天气逐渐凉爽，弗莱明才回到实验室。就在整理那些放假前弃置的培养皿时，他发现许多培养皿上都已经发霉，并且长出毛茸茸的怪菌。其中有一个长出一团团青绿色霉的培养皿尤其引起他注意，因为就在这青色真菌的周围竟然出现了一圈空白，原先在那边生长旺盛的葡萄球菌都消失了。

弗莱明马上联想到，一定是什么东西杀死了葡萄球菌。通过显微镜观察，确定附近的真菌全都死光，而依据这一圈的分布状况，这种杀菌武器极有可能就是由这种青真菌所分泌。他将这个称之为盘尼西林（Penicillium notatum）的青真菌加以培养，并萃取出那些神秘物质。虽然还不知道原因，但这物质的效果确实惊人，尽管弗莱明稀释了这种物质800倍，还是能把葡萄球菌全部杀死。更重要的是，这种真菌对细菌有相当大的毒性，但是对大型生物的细胞却没有丝毫影响。

弗莱明非常小心地继续进行研究，对这种不明物质用途给予非常高的期待。某日，一位助手因手背破皮感染而开始化脓，肿痛得非常厉害，弗莱明看着助手红肿化脓的手背，突发奇想地要用这神奇物质去治疗。他在助手的患部涂了些这种怪物质后，对半信半疑的助手说，“医院就不必去了，休养几天试试看。”到了第二天，助手兴奋地对弗莱明说：“太神奇了，我的伤好了。这是什么神药？”弗莱明开心地说：“我叫它盘尼西林（penicillin）！”

创意依靠大量意外

许多创意在完成前，都会有一段漫长的黑夜，不但伸手不见五指，而且说不定压根连方向都是错的。弗莱明一生的成就，一个是发现了溶菌酶，另一个则是发现了盘尼西林，严格说起来这两个发现都是误打误撞来的，说是两件实验室意外一点都不为过。

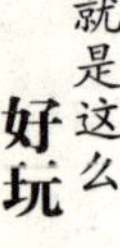

为什么是意外？如果把我们日常生活中移动的路线，全都以某种方式记录，那么从天上观察我们的行进轨迹，就会发现多数人的路径非常单纯。一早起床，由家前往学校或工作地点，下班或下课后回家、睡觉、准备第二天的继续重复，然后日复一日年复一年。不只是动作路径的重复，工作内容也可能有高度重复性，上班打卡、回信、准备工作、处理交办事项、回复成果、写报告、下班打卡，同样的过程也是日复一日年复一年。在这样的重复中，要如何才能爆出个意料之外的创意呢？在一成不变的运作下，要怎样才可以超越自己、跳出框架呢？这时候，唯有依靠意外事件的发生。

据说在亚里士多德和中国墨子的时代，就已经发现光线能够透过一个小孔，然后在另外一端成像的奥秘。但是更吸引人的问题是，要怎么才能把屏幕上的影像给留下呢？约瑟夫·尼塞福尔·涅普斯（Joseph Nic é phore Ni è pce）对这问题一直保持高度兴趣，他曾是法国尼斯市的市长，在法意战争时因为受伤而坏了一只眼睛。早在1816年，他就试验用氯化银作为感光纸，保存了黑白负片。接着，他又用沥青与铅锡合金板，记录出与原景物相同的正片。1825年，涅普斯委托光学仪器商人夏尔·雪弗莱（Charles Chevalier）替他所设计的照相暗盒（camera obscura）制作光学镜片，创造了史上照相机的最早雏形。1827年，涅普斯在勃艮地自宅阁楼上，把之前实验成功的感光材料放进照相暗盒中，对着窗户拍其他屋顶，通过连续8小时的曝光拍摄，终于拍摄下历史上第一张摄影作品（这张照片目前被收藏在美国得克萨斯大学奥斯汀分校的哈利兰塞姆研究中心）。

法国画家达路易斯·达盖尔（Louis J M Daguerre）在巴黎设计一种称之为“西洋镜（diorama）”的展览，这种装置艺术作品很像是把实境搬进剧院，类似今日博物馆中以玻璃围着，墙上画着拟真布景，内部充满写实道具，里面人物或动物模型则是制作得栩栩如生的复原场景图。1829年达盖尔巧遇涅普斯，两人一见如故，相约开始合作共同研究摄影与感光相片技术。他们奠基于之前的发明，把原始照相机设备加以改良，为了让光线倒影能清晰地投射在相机底版的位置，还可以避免手直接触摸到底片，特别对原始底片设计了玻璃保护装置。直到3年后涅普斯去世，达盖尔仍持续进行照相实验，但是他对曝光与显影时间过长一直苦于无法突破。

1838年，正当研究已经焦头烂额的时候，达盖尔发现有一个怪异影像残留在某个物体上。这个清晰的影像，比他尝试的任何效果都要好，勾起他强烈的好奇。他逐步检查桌上的化学物品，最后发现原来是一支被打破的温度计，里面的水银引发了这个现象。

达盖尔改良原先方式用涂以碘化银铜版，再以水银蒸气熏蒸的方式制作“照片”。最早照片须曝光8小时才能完成，而通过水银蒸气的这种方式，30分钟内就可以完成。除了速度变快，照片影像更加清晰鲜明，与肉眼看到的几乎相差无几。达盖尔据此继续研究与改进发现，改用熏蒸氯气银版显像的方法更可使曝光时间大幅缩短成只要4分钟。1839年1月9日，达盖尔在法国科学学会上宣布他的发明，并将这个摄影技术命名为“达盖尔照相术”。艺术家保罗·德拉洛修（Paul Delaroche）的言论或许可以表现出一点当时人们对这旷世发明的看法，他说：“从今以后，绘画就丧失了生命。”他认为一些小画家和雕刻家从此将无法再靠传统技艺谋生。

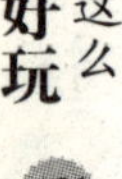

“达盖尔照相术”无疑又是另外一个实验室意外，而且加速了相机、相片的发明。我们不禁要怀疑，如果达盖尔是个洁癖狂，桌上经常一尘不染，那么这意外岂不是不会发生？我们应该给自己的空间一点点发生意外的机会，看来确实是如此。在可允许、可控制的情形下发生意外，有机会打破无解的僵局，发生所谓的“歧路效应”。

我给歧路效应的定义是：（在目前执着的路线中无法找到答案，说不定在其他地方会有解答。但因为现在过于执着，因此无法舍正道而走歧路，只有当意外发生的时候，你才有机会踏上歧路，并且在歧路中获得不同的灵感）。有时候，这种灵感正是解答中缺失的绝佳拼图。在还没走上歧路前，大家会认为那是歧路，等到出现了第一位踏上征途并因此成功后，大家才惊觉原来自己一直走的，根本就是不对的路。有了具体成果后，后人还认为是歧路吗？一个原本无心的意外，一旦被证明强大的效果，同时也将会迅速填补了大量原先空白的需求。也因为这些隐性需求从没被满足过，所以一旦爆发，就会引发一连串的涟漪。原始创意就像一个原爆点，从中心向外衍生，扩散与生成出更多依靠此一发明的产业。就好比渔场内有捕鱼的渔夫，海港有鱼贩，四周则是海鲜餐厅，边缘有鱼类加工所和各种鱼饰品，这些都是从鱼这项资源开始，因为有鱼而创造出一个偌大的渔业产业链、价值链以及生活圈一样。意外的创意，经常是原先所不曾听闻，听起来有点离经叛道甚至不可思议的。创意的难度在跳出框架，然而意外的创意并没有跳出框架的问题，因为意外本身就是在框架外。意外的创意多数是革命性的改变，将带来天翻地覆的变化；意外的创意，多数也都是极为重大的发明或是发现，是以跃进的方式打破人的旧想法。

达盖尔照相术发表的次年，1840年4月教授化学与植物学的教授约翰·威廉·塔列普（John William Draper）和肖像画艺术家山谬·芬尼·柏利斯·莫斯（Samuel Finley Breese Morse）一边研究摄影技术，另外也在纽约大学屋顶上设置应用“达盖尔照相术”的“照相馆”。有生意头脑的他们，以拍摄一小张照片收费5美金的方式经营，这在当时一点都不便宜，却天天车水马龙，生意络绎不绝，开启了日后照相馆营运模式的滥觞。据统计，到了1850年，仅纽约市就有七十几家银版照相馆开业。由于另外一个关键配件“镁光灯”是在1887年才被发明，可以重复充电使用的镁光灯则是到了1947年才出现。因此，照相馆为了获取充足光线，大都将照相馆设置在建筑物顶楼。到了1853年，美国竟然就有一万多名“摄影师”替人拍照。1856年英国伦敦大学领先全球开设“摄影技术”课程，距离“达盖尔照相术”当初在巴黎发表才过了17年。

伟大的人经常提问、出错和尝试

你一定喝过汽水，但你可能不知道汽水其实是英国化学家兼牧师的约瑟夫·普利斯特（Joseph Priestly）发明的。

普利斯特在青年时期就开始担任牧师，严格说起来，他一生大部分时间都贡献在牧师工作上，科学只不过是他的业余爱好。普利斯特从小就对语言有很大的兴趣，外国语尤其是他的最爱。他学过拉丁语、叙利亚语、希腊语、希伯来语、阿拉伯语、意大利语、法语以及德语，据说晚年时的他还学习过一点汉语。他在沃灵顿的学校当过老师，在那里教授后现代语言和修辞学。普利斯特对语文和科学有极高的热情，他从28岁开始写书，出版了包括英文文法、教学方法和宗教方面的，像《基础英语语法（The Rudiments of English Grammar）》、《A Chart of Biography》和《Essay on a Course of Liberal Education for Civil and Active Life》。31岁时，他出版了生平第一本科学著作《电学史（The History and Present State of Electricity）》，这本畅销书让他当选为英国皇家学会的会员。

当时的科学家认为，空气中有种东西叫“燃素”，它能够帮助物体燃烧，不过细节如何，科学家也仅有非常模糊的概念而已。普利斯特对于燃烧现象很感兴趣，希望能从空气中萃取出这种叫做“燃素”的东西。他在童年时期，曾在亲戚的啤酒厂做过一个实验，他先点燃一根蜡烛，再把蜡烛放进有老鼠的玻璃容器中，接着用盖子把玻璃容器密封起来。蜡烛燃烧一阵后就慢慢熄灭了，在熄灭后不久，老鼠先是奄奄一息然后完全消失生命迹象。普利斯特判断，空气一定存在某种东西，这种东西经过燃烧会被污染，这些污染间接导致老鼠死亡。他大胆地推测，说不定空气里面存在好几种看不见的气体，一种是生物存活必需的纯净空气，另一种则是污染的空气，生物在后者空气中将无法生存。有一天，普利斯特突发奇想，动物放在里面，通常活不过数分钟，那么如果放进植物会有什么反应呢？普利斯特把一盆花放在空瓶内，然后在里面放一支燃烧着的蜡烛开始“污染”空气。几小时过去了、一天过去了，植物竟然毫无变化，甚至长得更好。他心想，难道空气被净化了不成？于是他又放进去另一支点燃的蜡烛，果然蜡烛没有立刻熄灭，并且还能持续燃烧一阵子，他因此得出一个初步结论：植物会净化空气。普利斯特反复了好几次，证明植物确实可以把污染空气转换变成活命空气，这个结论让他成为植物“光合作用”的发现人。

因为对空气的执着研究，普利斯特成功制作出氧化亚氮、二氧化氮、氨、氯化氢、二氧化硫、氟化氢、氟化硅、一氧化碳等气体。最后，他把这些研究成果写成了《论各种不同的空气（Experiments and Observations on Different Kinds of Air）》。

在研究空气的过程中，普利斯特进行各种实验，目的是找出大气里究竟存在几种空气。除了找到多种气体外，他还证明二氧化碳能被水吸收，形成一种有酸味的溶液：苏打水。苏打水诞生后，不久就被用在制作碳酸饮料上，也就是我们所说的汽水。别小看这项发明，因为苏打水的出现，普利斯特被授予英国皇家学会最高奖：科普莱金质奖章（Copley Metal）。

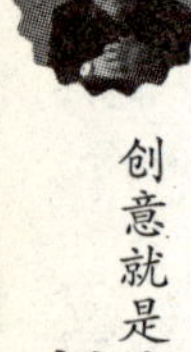

从弗莱明的盘尼西林、达盖尔的照相术和普利斯特的光合作用这三个故事中不难发现，他们的共同点是经常提问、检讨错误和不断尝试。提问是一种对现况的质疑，也许还带有一点不满足，有了问题后，我们才有找到答案的机会。提问同样会受限于自己能力的高低，当某人对某领域专业度够高时，自然就能问出更有水平的问题。问题是，在没有高深学问基础下，我们要怎么样才能提出好的问题呢，答案是很难。以我自己为例，如果要针对某个不熟悉的专业领域去发想灵感，通常会待在诚品书店一个下午，然后抱四五本书到咖啡厅猛啃研读，甚至还要去拜访专家与学者，才有可能发现一些具体的问题。当然也有一种偷懒的做法，就是直接问专家问题之所在，这样不仅省事，也可以帮助自己准确找到问题之所在。

经常提问

罗伊·普南克（Roy J. Plunkett）在俄亥俄大学取得化学博士学位，毕业后在杜邦公司担任化学研究员。普南克的工作跟氟氯碳化物（Freon）制造有关，这种以四氟乙烯为原料的物质对大气臭氧层损害相当严重，但是作为冷冻剂与清洁剂却非常好用。1938年的某一天，他的助理在进行实验时发现一个装有四氟乙烯的高压瓶没有气压，这表示里面已经没有任何气体。因为担心接头漏气发生外泄，普南克与助理于是先检查出气口是否正常，再测量高压瓶的重量。结果发现钢瓶没漏气，但钢瓶也没变轻。他们心里冒出了疑问："咦？这就怪了，瓶子里面剩下的竟然不是气体，那会是什么？"

普南克一时好奇，立刻请人把钢瓶锯开，锯开后发现里面有种奇怪的白色滑润粉末，无色无味也不会粘黏钢瓶壁。他继续研究后发现，这些白色粉末是四氟乙烯的聚合物，不但耐高温、耐酸、耐碱，还有低摩擦力等特殊性质。普南克之后也研究出制造四氟乙烯聚合物的方法，并以铁氟龙（Teflon）作这白色粉末的名称。

不粘黏又耐高温的特性，使得铁氟龙快速成为日常用品的新宠儿，从厨房用品的锅、炉、铲、瓢、碗、杯到生活用品需要防水、抗污、绝缘都派得上用场。后来这个特殊的材料，还延伸到医疗、运动器材、武器甚至连宇宙飞船部分零件都依靠这项神奇的意外发明。

瓶子里面不是气体，那会是什么？这个问题里面包含了好奇心与怀疑，更有一点"让我来瞧瞧，这是什么玩意儿"的味道。或许角色易位、换作是一般人看到白色的粉末，第一件事恐怕是先打电话给厂商要求退货，压根不会朝"粉末是哪来的"的方向去想。也可能会转念想这瓶不行换新瓶就是了，这么啰唆做什么？当想要找到答案的动念就是没这么强烈，自然提不出问题。而前面这些发明家很特别，对于任何非常态、不正常事物的提问，已经是接近职业病的等级，大脑里容不下一点点的困惑与谜题。

检讨出错

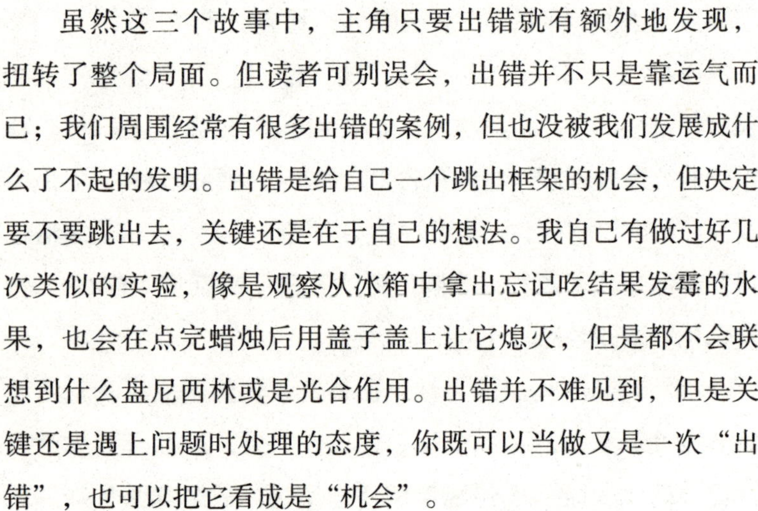

虽然这三个故事中，主角只要出错就有额外地发现，扭转了整个局面。但读者可别误会，出错并不只是靠运气而已；我们周围经常有很多出错的案例，但也没被我们发展成什么了不起的发明。出错是给自己一个跳出框架的机会，但决定要不要跳出去，关键还是在于自己的想法。我自己有做过好几次类似的实验，像是观察从冰箱中拿出忘记吃结果发霉的水果，也会在点完蜡烛后用盖子盖上让它熄灭，但是都不会联想到什么盘尼西林或是光合作用。出错并不难见到，但是关键还是遇上问题时处理的态度，你既可以当做又是一次“出错”，也可以把它看成是“机会”。

以往我种在阳台上的植物，最多活不过3个月，最后都难逃枯萎的命运。但我几乎每天按时浇水、每周施肥、定期翻土，实在找不出枯萎的理由。直到有一次我埋葬了又一次殒命的薄荷时，才发现它们都没有根。我心里着实觉得奇怪，明明原先长得好好的才移植回家，怎么根都不见了？但是我并没有像那些伟人们一样仔细研究这个问题，反而继续种了新的薄荷。不过这一次不一样，因为出差好长一段时间，根本没时间浇水、施肥，薄荷就这样被晾在阳台不吃不喝几个星期，回家前我还以为又要看到一盆枯草，但没想到这一次它们竟然生命旺盛。不过一个月后，薄荷又被我照料到死掉了。直到有一次，我听到两个朋友在讨论水耕方面的问题时，其中有人说到一句：“那是因为根都泡烂了。”我突然灵光一闪，终于知道我种的薄荷为什么“验尸”时发现都没有根，那可能是因为浇水太多、太频繁，导致花盆排水系统太差，所以根部都泡烂了！后来我垫高了花盆，让薄荷可以直接接触到阳光，并且改善花盆底部的排水方式，浇水次数改成隔几天浇而不是每天浇水，这一次薄荷终于存活下来，一直到今天都还活着。在这件事上面我出的错可不少，但如果不是别人说到根的问题，还不知道有多少薄荷会断送在我手上。

如果把每次出错都看作是一次机会，又会是什么样的情形呢？通常出错不会继续衍生出什么新想法，不过每次出错后，仍可以视为是一种非刻意产生的对照组。比如一个标准制程中，在概率范围内坏掉了一个芯片，那个出错的零件或许不会带来什么特殊的灵感；在写书法时，突然打个喷嚏后字画就变美的概率也不高。但是，我们意外发现某种程序的一点改变，就会造成更多的改变；又或者意外的好心情，天外飞来的灵感却有机会带来不一样的领悟。说实在的，出错究竟是绝对错误或者是有可能变成创意，这两者的差异性、判断标准很难分清楚。你无法说哪个是纯粹的工作意外，不必浪费更多时间研究，也不知道哪个事件有机会产生灵感的意外，继续钻下去肯定有成果。如果你的知识、能力、心智层次没有达到某个程度，尽管睁大了双眼也还是看不到创意的可能性。

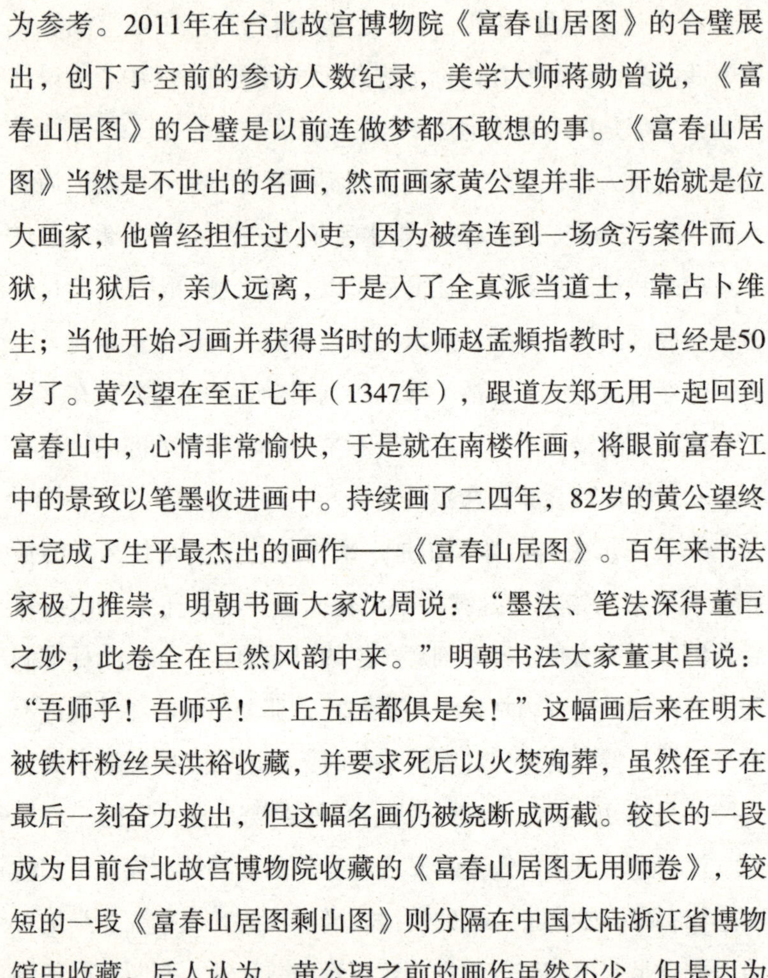

关于创意与生命的积累，可举另外一个例子给读者作为参考。2011年在台北故宫博物院《富春山居图》的合璧展出，创下了空前的参访人数纪录，美学大师蒋勋曾说，《富春山居图》的合璧是以前连做梦都不敢想的事。《富春山居图》当然是不世出的名画，然而画家黄公望并非一开始就是位大画家，他曾经担任过小吏，因为被牵连到一场贪污案件而入狱，出狱后，亲人远离，于是入了全真派当道士，靠占卜维生；当他开始习画并获得当时的大师赵孟頫指教时，已经是50岁了。黄公望在至正七年（1347年），跟道友郑无用一起回到富春山中，心情非常愉快，于是就在南楼作画，将眼前富春江中的景致以笔墨收进画中。持续画了三四年，82岁的黄公望终于完成了生平最杰出的画作——《富春山居图》。百年来书法家极力推崇，明朝书画大家沈周说：“墨法、笔法深得董巨之妙，此卷全在巨然风韵中来。”明朝书法大家董其昌说：“吾师乎！吾师乎！一丘五岳都俱是矣！”这幅画后来在明末被铁杆粉丝吴洪裕收藏，并要求死后以火焚殉葬，虽然侄子在最后一刻奋力救出，但这幅名画仍被烧断成两截。较长的一段成为目前台北故宫博物院收藏的《富春山居图无用师卷》，较短的一段《富春山居图剩山图》则分隔在中国大陆浙江省博物馆中收藏。后人认为，黄公望之前的画作虽然不少，但是因为某些缘故，就像我们说有些人“放不开”一样，无法跳出自己的窠臼与框架。然而八十几岁的他，在积累了生命的酸甜苦辣、尝尽各种人世沧桑之后，这时候挥毫作画脱胎换骨入圣成仙，才成就了这幅旷世名画。

不断尝试

发明大王托马斯·阿尔瓦·爱迪生（Thomas Alva Edison）制作电灯泡一直失败，人家问他失败这么多次还要继续下去吗？他说，“那不是失败1万次，我只是找到1万种做不出来的方法。”[①]悲观的人只计算失败的累积，正向的人却从另外一个角度出发，反正1万种都试验过了，剩下的可行方法已经不多了，迟早会试出答案来的。

有一位上海的超级业务员与我分享，为什么一年可以有上百万人民币的业绩。他刚开始还没发现，后来慢慢理解到，他的业务工作平均每拜访顾客50次会成交1次，因此当他连续失败四十几次的时候就特别兴奋，因为他知道再经过几次拜访就一定会成交。现在，他已经改善到每拜访5个顾客也会有一位成交，虽然达标率变高了，可是心情还是没变，他认为失败没什么好沮丧的，相反，每一次失败都会造就最后的成功。

不断尝试是发自内心自动自发愿意改善，是对于现状的反思，是愿意从原先的安逸环境中逃离。不断改善的第一步是要能够承认自己的缺点，主动改变方针纠正问题才是勇气的表现。如果不是这样的心态，那么再多的意外，也不过是意外，没办法刺激我们去改善与精进。

---

① 这个故事版本非常多，有说爱迪生失败九百九十九次的，也有说一千两百次、七百次等等，但是重点是爱迪生确实说过类似的话。根据New York Times曾经引用过“I have not failed 700 times. I have not failed once. I have succeeded in proving that those 700 ways will not work. When I have eliminated the ways that will not work, I will find the way that will work.”另外，Oxford University Press的某个出版物写到“Thomas Edison, who said, "I have not failed 10,000 times. I have successfully found 10,000 ways that will not work.”

控制下的意外

当我还在诚品书店任职的时候，曾经试验过让一组同事自由发挥，在有限的资金与时间范围内，做什么都可以，但是请达成我所给予的目标。在这一项目中，我所提出的目标并没有人知道最后会发展成什么，“诚品站”就是她们那时候的成果。这是一个有计划的“意外”，过程中我发觉同事们能自己判断方向，并且有技巧地寻找与协调资源，虽然美术设计和工程师都已经是忙得不亦乐乎，看似压榨不出任何资源，但这些优秀的同事仍能克服与排除困难，顺利把项目完成。从过程中让我看到了一个现象，那就是当同事的责任变大、变复杂甚至是超过原先工作范围时，她们都能够“萌生”许多平时看不到的能力与技巧，后来这些同事也都成为能独当一面的主管。如果当时我不给同事机会，刻意创造发生意外的舞台，就不会有这些有趣的概念与成果发生。如果团队不靠脱轨演出的意外，而全要靠深陷管理囹圄的主管自己发想，那么就像期待老狗变出新把戏一样：难。

我常在课堂上与大家分享，创意发想时，不管是一个人独自发想，还是要靠群体的力量，都必须有一个信念：“给自己一个出错的机会。”它的重点不是要在自己未来出错时，留下一个自圆其说的借口，而是要在每次做决定前，胆大而心细地勇敢去冒一个险。对未知事物的发生，进行一次有条件、有计划、有控制之下的投资决定，让这件事有点出错的空间，进而允许尝试各种可能。

意外就像是一种天外飞来的礼物，敲击我们原本认为理所当然的思考模式，带给全新的思维框架。据说，火与熟食的发现跟意外有关，可能是某场森林大火或是雷击，意外地把其他动物烤熟了，某个原始人灵敏地闻到香味，才意外地发现这种美食。科学家推测，如果不是意外，生物应该非常怕火才对，断不会自己拿食物去烤火。意外，造就了无数发明、发现，意外就像是我们创意的发源地一样。请用心留意这些意外，说不定，你的答案就在那里。

写下你的大创意：

____

____

____

____

____

____

____

____

____

____

____

____

____

第九章

品牌　Brand

一个人的尊严并非奠基在获得的荣誉上，而在于这人本身值得这些荣誉。①

——亚里士多德（Aristotle）

我们建了太多的墙，但是却没有足够的桥梁。②

——牛顿（Sir Isaac Newton）

① Dignity consists not in possessing honors, but in the consciousness that we deserve them. Aristotle.

② We build too many walls and not enough bridges. Sir Isaac Newton.

《逃出克隆岛（The Island）》这部电影里有一句对白，堪称是经典中的经典："你吃牛肉汉堡，不意味着你要认识那只牛 。"①

事实也是这样，卖食物的老板，不会特别强调食物的可爱，而是强调食物对你（食用者）的健康将会产生多大作用。卖食物的老板知道，一旦你对食物产生了情愫，要张嘴吞下它们可就困难了。只有一些小小例外的案例，是你获得食物的方式不必杀死某些生物（或感受不到它们的死亡），比如鲜奶、蜂蜜、红曲、生鲜果汁、花生、起司和养乐多等。这些厂商会大方展示辛勤工作的蜜蜂箱、果树、田园，或是可爱干净黑白斑点的小乳牛。

这告诉我们营销是要彰显其优势，而与这些无关的部分，不说的话没人当你是哑巴。营销是有选择性的，营销是拿对消费者最有价值的那部分大做文章，你应该搞懂什么事应该说，什么事应该闭上嘴。

但是无论创意有多么好，也要消费者都能够接收到才算数。现在的问题是同种类产品的品种数量极为惊人，消费者的信息渠道又如此分化，一个全新的商品，要接触到消费者的机会跟几年前比起来，不知道降低了几千倍。

于是，企业开始设计一些方式，让消费者能够快速辨识，以便消费者在做选择判断时，优先把自家商品放入购物的欲望清单中。最常见的方式是选择一个易记的名称与商标图腾，这些经过授权或是专利保护的图像，一方面可以帮助消费

① Just cause people wanna eat the burger doesn't mean they wanna meet the cow.

者持续找到自家的商品或服务，另外也可以有效遏制竞争对手的仿冒。其他像是特定的配方、特别的组合或是模式，不一样的销售方式、特殊贩卖点，也能够创造独特的亮点，在众多竞争对手中脱颖而出。

我有特别的消费体验，那是在多年前到国外出差时发生的。当时我步出了客户办公室，那是一个艳阳高照的大热天，当时觉得没把瓶装水从旅馆中带出来真是失策。因为实在太热又临时找不到去处，只好先到附近的杂货店买饮料，打开冰箱时，我整个人傻在冰箱前面。几十种花花绿绿形状各异的宝特瓶，全是我不认识的品牌饮料（后来让我体会到，电视广告对外地人影响就像教育片一样，提供了消费指南）。当我逐一拿起来仔细检查“内容物”时，老板娘不客气地说了：“大热天的，你要就选一个，冰箱开来开去电费您出？”后来，我放弃了大胆尝鲜的勇气，还是挑了一个以红色作为商标主色的美国品牌饮料：可口可乐。理由很简单，这么多瓶饮料里面，我只认识它。

品牌是一种辨识

很多人以为，品牌就是名称，创建一个品牌就是创造一个名称。于是不管来源是冲动、信念、感召、算命、奇想、灵感、命令都好，总之就是先取个响亮、好记的名字，然后这品牌就算建立完毕。会这样想的人，完全忽略了产品本质的重要，等于是想要用名称取代自己真正的实力，这种方法很难在市场上取得成功。

我常被人问到为什么台湾的诚品书店这么成功？她每年吸引超过一亿两千万人次造访诚品书店，每4个来台湾的外国人中，就会有1个人到诚品书店来。这时候，我会趁机反问对方，你觉得诚品书店是什么样的企业？ 诚品书店靠什么获利？

诚品书店既然是书店，应该靠卖书获利吧？这是我听过最多的答案，但这并不算是正确答案。一家综合商场，靠卖杂货获利？看似很接近答案，但是也不太对。依我自己的看法，诚品书店是一家卖“生活风格”与“文化向往”的店。在经过诚品专业人员规划与筛选之后，诚品希望提供给客人一种“诚品式的生活风格”，一种简单、朴素、高雅、清新又能彰显个人特色的风格。诚品也因此顺利地成为一个城市的重要文化地标，逛诚品成为一种文化时尚，在诚品约会表示有文艺气质，使用诚品严选则是一种文化品位。这种“文化向往”的精神象征，给了许多人正面且美好的印象。

而这还仅是我们看到的表层，里面还有很多看不见的设计和规划，才能建构出这一个完整的品牌。明朝的高明在《琵琶记》里面说“画虎画皮难画骨”，多少海内外机构试图模仿诚品书店，有人学到了装潢、有人学到了设计，还有人把规划照搬、移植，但无论怎么看起来，却始终做不到诚品书店的这些感觉。因为这样一家店，并不是只靠硬件，也不是只靠里面的软件，最重要的是不一样的灵魂。如果品牌是一种辨识，那正是灵魂创造了极高的辨识度。

我们可以抽丝剥茧，用这个案例来看品牌是怎么产生的。为了让每一位想要自创品牌的读者理解，在此我扬弃一般的做法，把诊断、流程、模块、定位什么的全部先放一边。理由是品牌塑造并不是一项简单的工程，若将品牌塑造过程想得太难、太复杂，相对实现难度也会提高很多，与其这样，不如先从最简单的方法开始。另一个理由是，成功品牌其实就是成王败寇，通常刚开始的时候默默无闻，没人在乎创业者的创见和理想，但是随着公司的治理与发展，企业慢慢成熟，公司名称就成了一块金字招牌。现在的知名品牌创业者在开始的时候，哪里有花这么多时间在想所谓的“品牌规划”？所以我的想法是，坚持把对的事做好，用实际行动来提交品牌知名度。

一开始也别把品牌想得太大，搞品牌不是非要像阿里巴巴、腾讯、新东方、麦当劳、诚品书店、星巴克这么大的版图与规模。个人也可以具备品牌，团队或公司企业也可以有自己的品牌，产品或服务本身当然也可以建立品牌，甚至集多品牌于一身都不是问题。品牌就是一个识别符号，这个符号是用以区别单独的项目、个体、概念、服务的方式。品牌的实际功效，是帮助消费者或使用者在同类型中一眼认出你。而我们的观念里，应当将识别看作动词而非名词，而且要再向上升一级，也就是识别后还要能被使用者优先选择上。因此，如何建立一个容易被挑选的识别系统，才是塑造一个品牌的真正含意。

简单地说，品牌是一种辨识符号，是让消费者在抉择时快速判断的依据。这种辨识符号不仅是“符号”，它还包括几个重要层次：外观、用途、理念以及信仰。通常越成功的品牌，做到的层次也比较高，层次越高消费者对该品牌就更难以戒除，这也代表消费者对企业的相信度很高、不易随便“转台”。其中“辨识”的背后是选择机会，选择又关乎消费者价值（同商品的价值则会因为使用群体不同有差异）、消费者利益和许多感性的因素在里面。

外观是最基本的识别方式，包括颜色与形状，或是再复杂一点的视觉体感、动线规划、摆设装潢等。诚品书店的色调是黑色与咖啡色，这个色系给人的感觉是比较稳重、安静的颜色。星巴克咖啡则是绿色的商标，再加上大量咖啡色的元素。麦当劳是黄色，让你联想到黄色薯条以及汉堡。肯德基是红色，那是微辣的感觉，就跟店里的鸡肉一样。销售化妆品的克丽缇娜用大量粉红色，或许跟女性群体有关系。便利商店7-ELEVEn的识别也挺清楚，三色的横条，再搭配一个7-ELEVEn图案。

品牌外观：辨识符号的真正关键

从大脑科学的角度来看，消费者的眼睛并不是用来“看”东西的，而是用来区别、分辨东西的。人类的大脑无时无刻不在接收大量信息，2009年美国加州大学圣地亚哥分校（University of California at San Diego）的教授罗杰·伯尔尼（Roger Bohn）公布了一项调查，他从许多研究报告中整理出人们的阅听情况，算出美国人平均一天约接受34G的数据量。

姑且不论这些数据的算法和正确性，从另一个角度来看，每天这么庞大的信息，我们怎么负荷得了？这些海量信息真的都“进了”我们的大脑了吗？科学家告诉我们，从各种感觉器官进入大脑的视觉影像、声音听觉、皮肤感觉和味觉的口感与气味等，大脑的感觉皮质层区域中的神经元网络会处理这些感觉器官传来的信息，在这里大脑会进行排序工作，让人类专注在“最重要”的信息上。这个意思是说，虽然同时进入的信号很多，但是大脑内部筛选的结果，将会去芜存菁，绝大多数的感觉信息完全没有被大脑处理。

一般人以为自己能“一心二用”，同时可以专心做好两件事，但其实这是很难办到的。一边开车一边打电话，就是最好的例子。多数人以为边开车边讲电话，或是用免持听筒就没事，但其实驾驶的注意力已经被严重分散。事实，当人一边开车一边讲话时，就会出现所谓“盲视”开车现象，其实是靠类似反射动作来完成开车工作。有科学家认为，边开车边打手机在行为测定上等同于酒驾。

生活中眼睛确实是不断地在向四周扫描观察，可是多数状况下，大脑只会告诉我们哪里不一样，然后把不一样的地方记起来。比如当你被要求记忆眼前出现两个女性，你会怎么记忆呢？第一次，出现体态相仿、容貌相似的红衣女子跟绿衣女子，这时候，你可能会记得衣服颜色上的差异（男女观察者还会记忆一点不同之处，比如女观察者看身材、男观察者看脸孔等）。第二次，如果出现两位都是红衣女子，这时你会去看高矮、胖瘦、饰品、长相的区别。如果第三次出现的是孪生双子，衣物外貌都一个样时，你可能会要求对方说几句话，甚至提供名字，否则根本记不得谁是谁。整个阶段，你只是在收集“有什么不一样”，而不是记得细节各是什么。这还是在讨论有相似物可比较的情形下，当没有东西可以进行比较时，记忆就更松散了。比如某样东西的颜色、形状具有“独家”特征，比如北京紫禁城，俗称鸟巢的国家体育场、上海东方明珠塔、台北101大楼、香港中国银行大厦，那么记忆又会更马虎，大概是个层叠状大楼，外观大概像个什么形状就差不多了，没人会管叠几层、颜色，又是什么细部结构。之前曾在报纸上看过一篇报道，某位号称Hello Kitty铁杆粉丝的艺人参加电视台的问答节目，但是很冏的是，这位艺人竟然答错Hello Kitty鼻子颜色，让他这位铁杆当场断成四截。但在大脑科学上这一点都不意外，他辨识的是猫形的外框而非细节。因为缺少同样竞争形状的记忆，用户在记忆上表现得会更马虎。不信的话，再问他Kitty猫胡须有几根、怎么分布、眼睛是圆是方是扁、蝴蝶结的位置，照样有可能回答不出来。

人的眼睛真的只是用来区别东西吗？再为读者揭露一个可怕的事实，人眼与大脑的区别能力其实是挺粗糙的。人的眼睛不过是一个接收信息的器官，大脑才是信息判读机构。当这些视觉信息传送到大脑后，大脑通过立即分析，先快速地把重要的主要信息抓住，比如颜色、形状等。下一次当你看到同样事物时，颜色与形状是第一个被提出比较的，如果对了，才会进入更深一层的比较。这也是为什么我们会出现“乍看之下像是○○○，但定睛一看，却又全然不是○○○”的现象。

早期山寨势力还没这么普通时，这个理论就被商人彻底实验过。同样是打马球的商标图案，分别有拿棍子、没拿的、举起棍子的、挥击状、双人打球、把马换成脚踏车等不同状态的球员。有朝左、朝右还有转头向后看，张嘴、闭嘴、血盆大口的各种鳄鱼牌。最多山寨的技巧则是与知名大厂商标英文少一个字母或多一个字母，出现在像鞋、衣服、裤子、提袋、包包、旅行箱上面，这些似曾相识的商标偶尔可在摊贩上见到。话说回来，大脑并不太计较细节，大概、类似就可以过关，是名副其实的差不多先生。这可不是人类大脑设计上的Bug，恰恰相反，这样的设计就是要为了让我们反应更快，所以刻意减少不必要的记忆信息量。我们的祖先跟那些在森林或草原谋生的生物没什么两样，遇到突然闪出的动物，必须要能在几毫秒内分辨对方是花豹还是鹿，这可是饿肚子跟送命的战争。

但是如果你认为以前人比较好骗，现在人可精明多了，那就大错特错了。这个天性是构造上的问题，除非通过学习，不然很难改变。不相信吗？你以为你看得很仔细吗？试试看，以下的几道题你能答对多少？

□ 7-ELEVEn的招牌是由哪三个颜色组成的，这三色的横条纹由上到下分别是什么颜色？

□ 麦当劳的商标中，黄色的符号是什么形状？商标里面有英文吗，大小写又是如何？

□ 星巴克商标中的美人鱼图案，鳞片长得是什么样子，还是没有鳞片？尾鳍是往左边还是右边摆动？美人鱼有手吗？美人鱼对你打什么招呼？

☐ 阿里巴巴的商标画的是什么？有眼睛吗？

☐ 腾讯的企鹅身上穿什么衣服？有没有什么配件？他的瞳孔是画成圆的，还是眯成一线？腾讯的商标通常包括哪三种颜色？

这些问题你都有把握全部答对吗？事实上，除非你已经在我的课堂上被考过这些问题，否则你会惊讶消费者对品牌识别有多么不求甚解，大部分消费者仅凭着片段印象和感觉，并不会非常较真。

也正因为消费者的粗心，颜色跟形状识别系统才会派上大用场。比如大型城市的公交车、火车、地铁、航运或是飞机识别系统，都有固定的颜色以供区别，让消费者从这几个颜色找起来几乎不会错（所以颜色系统更换，对这些固定班次来说是大事一件）。毋庸置疑，视觉符号要清楚、简单、好记、容易辨识，才会被消费者深深记在脑里。被咬一口的苹果或是其他商标符号，机身上印着公司品牌字母的手机，各式巴掌大小标志的汽车厂牌符号、各种大异其趣的便利店颜色等，这些设计都与消费者辨识度有关，在本书里，我们把以上特征归类为品牌的“外观”部分。

这给我们什么启示？品牌标志应该要：

●尽量单一色彩或少色彩。

●线条简单、利落。

●图案清楚、不复杂。

●有意义会被记得比较久。

●避免与同业颜色、形状类似。

●运用以上方式，规划使用一致性的识别，让消费者牢牢记住我们。

品牌的用途：买什么到○○买就对了

每个人针对自己的喜好、个人习惯、周围人影响、生活风格、社会环境等因素，慢慢会发展出一套属于自己的选择商品与服务方式，除了单一品类的选择，不同品类也会出现一些喜好。这些喜好是由于品牌与商品的强结合，慢慢产生一种“想要某类商品＝跟某品牌买”的强。当然，因为对象的不同，选择与喜好也略有差异。

比如某甲的心中，选择某商品与某品牌是有联结的。想到汽车就会想到A、搭飞机想到B、买计算机想到C、买手机想到D等很多潜在的联结。除了这些，其中难免还会有“空间”出现，可能是目前某甲还不认识，或是市场并未出现寡头、优势的商品。一个优势品牌，市场占有率高，商品与品牌简直合而为一，消费者在选择时经常不为第二人想。这种强大的品牌实力，有持续与延伸发展的优势，同时有可能也会带来跨业的劣势。

品牌发展到特化阶段，市场便慢慢趋于饱和，想再扩张会遇上很多问题，需要靠更多的巧思与创意。比如茶商除了卖茶叶，逐步增加茶具、茶饼干、茶餐等商品，再就是可以继续往“茶”的方向延伸。但很多行业的特化品牌要转型并不容易，知名的高露洁（Colgate）试图卖过快餐，但是下场非常惨，消费者认为那是清洁肠胃的药品。婴儿食品泰斗宝嘉（Gerber）曾推出给成人用的牛肉糊罐头，但是成人们毫不领情。哈雷机车（Harley-Davidson Motor Company）更惨，他们推出的商品是香水，好，请想象哈雷机车飞过飘来一阵淡淡幽香的感觉。

品牌与商品一旦建立起“联想”，再扩张需要一些技巧，有些如鱼得水，有些到处碰壁。一般来说，品牌有两种策略可以参考，一是主品牌稳固后再向外延伸，例如诚品，创办于1989年的，组织之下包含诚品书店、诚品开发物流、诚品生活、诚品画廊等关系企业，“诚品”这两个字替其下分支品牌加了许多分。这种全部都奠基于“文化与质量”的品牌精神，向外延伸的难度较低。

第二个策略是多元品牌，有些企业一开始就刻意选择以多品牌作为市场用户区隔的做法，例如喜达屋，创办于1980年的喜达屋酒店及度假村国际集团（Starwood Hotels & Resorts Worldwide, Inc.）是世界最大的酒店集团之一，在集团旗下有喜来登（Sheraton）、瑞吉（St. Regis）、豪华精选（The Luxury Collection）、W饭店（W Hotels）、威斯汀（Westin）、艾美酒店（Le M é ridien）、福朋（Four Points by Sheraton）、雅乐轩（Aloft; a vision of W Hotels）和元素酒店（Element），每种品牌代表某种风格特色，让旅客按照自己的风格在其中自由选择。

这给我们什么启示？品牌用途应该要：

●让品牌（这是什么）与消费者用途（怎么用）作联结。

●有些品牌定位是用概念形态做延伸，延伸得比较容易。例如7-ELEVEn不断扩充商品、诚品的子企业等。

●有些品牌定位太特别，未来延伸性可能会受到障碍。例如尼斯可公司的悠悠系列香港脚药膏、高露洁、可口可乐、玉兔铅笔等。

●总之，你的品牌让人联想起来有什么用途，是当老板的重要课题。

品牌的理念以及信仰：绑住你的心

苹果公司在2012年7月底在Youtube公布了Mayday、Basically和Labor Day三支影片，这三支影片由一位身穿天蓝色上衣，胸前佩戴一个苹果商标的苹果天才（Apple Genius）所担纲。乍看之下，这广告片像早期2006—2009年由扮演PC的约翰·霍格门（John Hodgman）以及扮演Mac的贾斯汀·隆（Justin Long）所演的系列短片《Get a Mac》，不过效果大大不同。

回顾早期的苹果影片，点击量超过40万人次的影片中，喜欢该影片与不喜欢的网友，数量大约是4：1，最差也不会到3：1，喜欢的总是占大多数。在前维多利亚的秘密（Victoria's Secret）模特儿吉赛儿·邦臣（Gisele Bündchen）客串Home Movie的那集里，按下喜欢钮的高达81%。不过最近这一次影片换来的嘘声比较高，Basically[①]这部里面，不喜欢的人数已经超过喜欢的网友数，这在苹果广告史上可谓第一次。我的一位超级苹果迷朋友说，这些影片烂到了极点，难道这就是所谓的后贾伯斯时代吗？就连曾服务于微软营销部门的西恩·奥利佛（Sean Oliver）也说，这些广告很像是他前雇主微软拍的。而且“这些影片不但没有达到预期效果，反而让使用者觉得自己是笨蛋 。”[②]

台湾是一个人文荟萃的地方，这几年文化创意产业在此正在发生许多的小革命。在靠近彰化县边缘的南投县八卦路上，微热山丘三合院就在这里。仅这个小小的三合院，一年就卖掉150亿颗凤梨酥[③]，营业额逼近6500万元人民币[④]，而且不只是放假日，365天几乎天天都有许多游客专程开车来这里买凤梨酥。

微热山丘的四位创办人，许胜铭是许铭仁、蓝宏仁两兄弟的堂兄弟，老师傅蓝沙钟是他们的叔叔。最初，许胜铭种茶屡屡获奖，后来因为不肖商人引进劣质低价茶扰乱市场，让台湾茶农顿失竞争力。为了寻找出路，刚开始时他们想卖的是手工铜锣烧和蜂蜜蛋糕这一类商品，但经过讨论和建议，他们改变了想法，决定结合当地农业，改做凤梨酥。

---

① Basically的网址http://www.youtube.com/watch?v=oRveuk_4Or0，发布日期是2012.7.27—2012.8.7，统计结果是4073人喜欢，4104人不喜欢。

② “They make the target audience feel stupid.”出自于以下网址http://seanoliver.me/post/28346128977/i-have-to-admit-that-i-agree-with-the-cacophony-of

③ 这里引用台湾联合报2012年6月8日标题为《台湾“金砖”传奇 凤梨酥抢攻亚洲》的报道，其中提到“目前平均每天卖出四五千颗”计算。当然并非“这三合院”就卖这么多，而是泛指所有厂的总和。

④ 这里引用同为2011年的两家台湾杂志报道的折中说法。“天下杂志”报道一年营业额近2亿台币，《今周刊》报道一年营业额3亿台币。

谢祯舜是大哥许铭仁请来的顾问，他建议不要跟一般凤梨酥厂商一样混合冬瓜馅，而是全部都用土凤梨来当内馅。而且外观、包装最好也要改变，与其他厂商要有区别。他们花了8个月的时间测试，使用新材料、新做法就是为了催生一个新品种凤梨酥。设计独特的外包装，搭配上简洁有力的宣言，终于，“微热山丘”诞生了。他们提着大包小包开始往新竹科学园区、台北市区找科技公司的员工试吃，运用企业团购的号召力，开始争取各地的订单。

默默无闻的微热山丘三合院开始变成观光景点是他们想都没想过的事，络绎不绝的游客，把小小三合院挤得水泄不通。2009年，八卦路这条一三九县道根本少有人问津，3年后，每逢假日摊贩与做小生意的车辆竟然绵延两千米长，逼得微热山丘出面协调租用大型停车场以解日益混乱的车流。随着产销量逐渐扩大，附近的菠萝农开始成立产销班，都要成为微热山丘的合约农，而且这里的合约价格很高，只为多照顾菠萝农。随着产量加大、工厂扩增，叔侄四人大量招聘当地员工，甚至雇用六十几岁的阿婆，目的在于让当地人优先获得照顾。4个叔侄原先只不过是想替没落的茶叶生意找出路，用一腔热血想以一己之力挽救当地农业，没想到凤梨酥竟然帮助许多的菠萝农找到生路（现在因为土凤梨流行，受惠的农民更多了），又提供许多当地居民的工作机会，“观光工厂”所创造出的大量周边商机，现在更拓展到新加坡、中国大陆和日本。

他们为什么会这么红？他们做的凤梨酥果真这么好吃

吗？套一句微热山丘的话：朴实美点，是一个做了将近50年糕饼的老师傅返璞归真之作。这个美味我们称之为“阳光烘熟的美点”。在这里，你买到的不只是一块凤梨酥，你买到的是阳光烘熟的地道美馔。想知道答案，何不买一块来吃吃看呢？

理念以及信仰在哪里

到底是先有理念还是先有做法并不重要，重要的是一定要有理念。我有一位同学，曾在某知名百货公司附近开设一家专门贩卖新鲜蔬果汁的小店，销售成绩一直不尽理想。最早她曾理性分析过，在这里的路人一定会对冰凉又新鲜的果汁有兴趣，事实上也确实是如此，刚开始营业的时候业绩非常亮眼，甚至引来几家媒体采访。到了十月天气转凉，她开始发愁了，这种又湿又冷的鬼天气，消费者一个都不上门，这该如何是好？

她曾对我抱怨每天一早要起床去市场买新鲜蔬果，又苦恼冰箱温度容易把水果冻伤，放太久卖不出去，最后全成了她的晚餐“沙拉”。真可惜不能全都打成果汁保存，这样会省事很多。因为业绩不断下滑，这家店后来只剩下她与另一位工读生。持续坚持半年后，她把店关了，最终学到了开店没那么容易的结论。

如果仅看对工作的热情，下面的案例则刚好与我那位同学相反。位于台北“国父纪念馆”附近的芒果恰恰冷饮店的芒果长张智闵，外号就叫做Mongo，热情开朗的他，在店里仔细解说他的宝贝来历。张智闵出生在果农世家，栽培外销到日本的顶级芒果，这些动辄两百多元人民币的高档芒果在台湾根本买不到。他对我说，芒果整颗都能利用、一点都不会浪费，芒果皮可以提炼精油，芒果种子可以做肥皂，果肉则可以食用，是个难得的圣物。言谈中处处显露出对自家芒果的自信，嘴角露出得意的笑容，跟我多年前造访旧金山时Peet’s Coffee & Tea老板谈自家咖啡时的神情一个样。

一般冷饮店在卖芒果冰时，在旺季还能供应鲜芒果，但到了淡季就只能用芒果罐头、蒟蒻、芒果酱混合一起鱼目混珠。张智闵对芒果美味有股深厚的执着，为了提供好味道、不想滥竽充数，开设“芒果恰恰冷饮店”时就对自己说，一年四季一定都要能让消费者吃到货真价实的新鲜芒果！我们在他刚搬过去的光复南路新店品尝他拿手佳作，他边讲解边拿出一颗大芒果：“切丁我都是用这种芒果放到八分熟再去做，还用陶瓷刀喔。来，你拿去闻闻看，果皮是不是很香？”

如果一定要回答品牌的理念以及信仰在哪里？我会说理念以及信仰就在热情里面。最厉害的品牌，并不是先由外观再发展到内在，而是刚好颠倒过来由内而外扩张。厉害品牌的负责人有非常强的热情，热情引发无穷动机，动机变成行动，最后才考虑外观是什么样子。

所以什么是好的品牌？好品牌应该是用实际行动展现，而非仅靠炫丽的外观。比如，某家过度包装的饼干生产商，企业已经大到都是委托别人代工，通过大量采购原料或向便宜产地购买原料的方式节省成本，用以获取更多的利润。这时候只要有一家像是微热山丘这样做法的品牌出现当竞争者，原先这家大企业就会很吃不消。市场反应良币驱逐劣币对每一个人都有好处，这也告诉我们所有企业应该反思，除了获利之外，企业到底还有什么理念及信仰。然而理念及信仰，又是如何体现在实际作为上，这些实际作为又贯彻到品牌精神里面了吗？还是企业不断宣称的，只不过是华丽对仗工整的口号，跟展现出来的行为完全两个样？

这给我们什么启示？品牌理念及信仰应该要：

●负责人是一个企业最重要的员工，也是最需要勤奋努力的人。

●热情是努力的动力，无论如何，你都应该保持对工作的热情。当你发现热情有慢慢消失的现象，不要失落，那可能是碰上一道厚墙，找朋友与伙伴聊聊，你迟早会爬过去的。

●品牌理念及信仰靠的是持续不断的行动，而非卓越的想法。请动动手与脚，而不只是你的嘴。

●品牌对经营者来说是一个动词，品牌是消费者给你的称号。

●通过创意方法可以把理念及信仰想通顺、设计完整、去实践。这就像树的根，如果根长对了树长起来就会又快又大。

●坚持把对的事做好，用实际行动来提示品牌知名度。

演练一

你心中有没有“好品牌”？请列出十项你觉得他们“好”的原因或理由，再列出10项你觉得他们“还可以更好”的原因或理由。

写下你的演练日期与心得：

____

____

____

____

演练二

这里有一个非常简单的品牌检查表，可帮助你比较品牌之间的竞争力。这张表通常是用来针对两个品牌（或以上）进行分析，每次需由同一组人完成。例如我要比较A与B两品牌，而填问卷者则必须分别要有甲、乙、丙三组人。同一组完成的意思是甲分别针对A与B各填一张，乙跟丙也是一样，每一组都要全体评分，这样判断标准才会一致。

<table>
<tr><th colspan="4">品牌检查表</th></tr>
<tr><td colspan="2">1. 品牌名称</td><td colspan="2" rowspan="3"></td></tr>
<tr><td colspan="2">2. 公司名称</td></tr>
<tr><td colspan="2">3. 自我期许的企业理念以及信仰</td></tr>
<tr><td rowspan="3">4. 品牌外观特征</td><td>系列1</td><td colspan="2"></td></tr>
<tr><td>系列2</td><td colspan="2"></td></tr>
<tr><td>系列3</td><td colspan="2"></td></tr>
<tr><td colspan="2">5. 品牌用途
（需要什么时会联想到这品牌）</td><td colspan="2"></td></tr>
<tr><td colspan="2">6. 品牌负责人姓名</td><td></td><td>分数①</td></tr>
<tr><td colspan="2">6.1 品牌负责人的行动展现是什么？</td><td></td><td></td></tr>
</table>

① 每项请与第3项“自我期许的企业理念以及信仰”比较，分数为1~5。1是不相似，5是极度相似。

续表

品牌检查表		
6.2 主要部门主管的行动展现是什么？		
7. 大家看品牌		
7.1 员工怎么看这个品牌		
7.2 网友怎么看这个品牌		
7.3 你自己怎么看这个品牌		
8. 商品或服务与品牌符合度		
综合评价（请将数字相加）		

写下你的大创意：

第十章

简单 Simple

它看起来复杂，那是因为“道”兼具简单与复杂在其中。当我们试图了解它的时候，它就变得复杂；但让我们身临其境体验时，它又变得简单无比。①

——史坦利·罗森索（Stanley Rosenthal）

避免复杂，让每一件事都简单、可行。②

——亨利·莫兹利（Henry Maudslay）

简化的能力，是把不必要的去掉，然后让必要的能发声。③

——汉斯·霍夫曼（Hans Hoffmann）

① If this seems complex, the reason is because Tao is both simple and complex. It is complex when we try to understand it, and simple when we allow ourselves to experience it. Stanley Rosenthal

② Avoid complexities. Make everything as simple as possible.

③ The ability to simplify means to eliminate the unnecessary so that the necessary may speak.

X-47B是美国最新一代的超级战斗机，它的翼展长达19m，可以携带2000kg弹药持续飞行3800km。X-47B外观流线型，长得很像较短的回力镖，但是机密的涂料和设计，能让它躲过许多精密雷达侦测，达到几乎完美的“隐形”状态。为了有效提供美国本土防卫和攻击能力，这一款战斗机还被设计成可以在航空母舰上起降，只要2013年通过试验，届时全世界都将处在这架战斗机的攻击范围中。

这架战斗机的强大攻击力并不是最大的卖点，最特别之处，它竟然是一架无人战斗机。也就是说，这一架战斗机因为没有人员在上面驾驶，所以不必供氧、不必弹跳机制、温度与气压对于以往由驾驶员操控的限制来说都不再是问题。战斗机可以轻易做出超出人体负荷许多倍的方式进行旋转、升降，让傻眼的敌人瞠乎其后。同时，美国可以不必冒着折损任何人员的风险，就能顺利完成各种艰困任务。受限于距离与环境可能会发生遥控断线的状况，X-47B无人战斗机发展出强大的自主行动能力，这代表也不再需要遥控人员，真正达到彻彻底底的无人驾驶。根据《洛杉矶时报》的报道，X-47B上配备强大的计算机系统，能够独立执行任务。经过先前的一些模拟测试，飞机不仅能够在没有人员遥控干预下自行滑行进入航空母舰的甲板准备区之外，而且在起飞一阵之后，可以安全着舰回到自己的停机格。战争需要随机应变，无人战斗机的系统不但可自主执行作战任务，还可以重写作战程序，按照需求自动更换要使用的武器、对象和消灭敌人的方式。

只是，这么厉害的战机，难道真的找不出任何缺点吗？

敌人会不会利用黑客控制计算机，进一步把战斗机给偷走呢？设计公司对此做过许多测试，不管用什么方式，让黑客联机进入计算机试图修改或欺骗战斗机，后来几乎全部都失败了。他们宣称这些严密的保护措施，达到几乎滴水不漏的地步。

到底无人飞机安不安全？我们真能放心让没有人员驾控的飞机，载着致命性武器在我们头上盘旋吗？这些计算机当真万无一失，万一计算机出现宕机会不会疯狂攻击建筑物？当飞行时判断错误怎么办，会不会误将民航飞机当米格飞机攻击？最近，美国安全部有一项针对无人飞机的试验，或许可以给我们一些答案。

美国国土安全部（US Department of Homeland Security）委托得克萨斯州大学奥斯汀分校（University of Texas at Austin）的无线电导航实验室（Radionavigation Lab）进行调查，要求他们利用可以买到的有限材料，控制住一台民用无人飞机。这样的想法源自于恐怖组织总是就地寻找材料，利用现有的材料拼装，如果这群学生办得到，就表示这样的设计有很大的风险。

然而这项看似难以破解的任务，竟然在很短时间内，就被研究员托德·汉弗莱斯（Todd Humphreys）、他的同事以及学生团队给解开了。他们成功地控制住无人飞机的起降，干扰飞机的路线，并且能够夺下飞机的控制权。原来答案的真相是，他们根本不需要去破解联机到飞机的信号，只要欺骗飞机，提供假的GPS信号就可以了。更糟糕的是，他们的花费加起来还不到1000美元。

由研究生丹尼尔·谢帕德（Daniel Shepard）领军的学生团队，买了一些简单材料，使用自己制造的“电子欺骗（spoofing）”设备骗过无人飞机。原理很简单，你不必去控制飞机，只要提供给飞机捏造的地图就可以了；破解战斗机计算机主机很难，但是破解发射卫星信号的设备难度就低多了。不过汉弗莱斯做了补充，一般人要这样做还是有一些难度，虽然设备很便宜，但是这套干扰的软件可是他们花了4年时间才写好的。

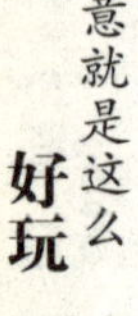

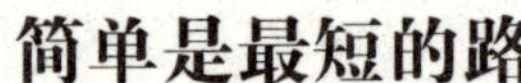

简单是最短的路

参与创意工作这么久，如果要说创意者最常犯的错，莫过于“当局者迷，旁观者清”。有一次，我开玩笑地对朋友说，项目执行三大定律的第一条：不管平日这家伙有多厉害，只要一旦变成项目经理都会变笨。每个人都会有盲点，尤其是当眼中暂时只有“项目”这件事的时候，就常常不会拐弯想其他的解决办法。

当局者为什么会着迷，主要是因为自己太执着于任务与路径的设定。任何一个人当被指派工作时，就会把目标与达成方式输入自己的大脑，在你承诺接下项目的同时，大脑里其实已经出现完成的方法与完成后的样貌。可怕的是，这些想法会随着反复思考而变得更真实。这就像在大脑丛林中，刚开始只是一条小窄道，被你“想”出条小径，随着不断自我加深记忆，慢慢就被“想”成为一条大马路。这怪不得谁，因为人的大脑在每次思考后，便会重新创造、重就组成另一次新记忆，这些堆栈在旧记忆上的新记忆，会慢慢让人觉得“没错，就应该这么做！”

由于项目经理必须先想象项目结果，所以自然而然会在大脑中进行反向推演。要完成期望目标，结果的前一步应该做什么，前一步的前一步又应该做什么，前一步的前一步的前一步又该做什么……就好像下跳棋前会预先推演一样，最终项目经理会得出一个结论：“现在该怎么下这盘棋的第一步？”说实在的，这种方法有时候实在很笨，因为这是倒着往前推演，而不是由前往后想。一个全然没有包袱的人，在回答地图上任意两个城市的最短路径时，答案一定是拿笔直接画线将它们连起来，毕竟直线距离最快。越有包袱，就越会把挂碍全缠在身上，也替自己造就了无形的诸多限制。这个不行、那个不可以，往往想了很久还是在原地踏步，怎么样都踏不出第一步。有一位业界的前辈曾跟我说，对于每一个步骤，应该视为需要而不是必要，如果你有办法省略，那就是打蛇要打七寸。这些能够跳着通过的方式，就是在商场上获胜的关键。

这里所指的获胜关键并非一味简化、跳过，更不是强迫大家最短就最好。受限于科学、技术、能力与现状，有些关卡跳不过就是跳不过，你必须等待时机到了，自然就能通过难关。另外一个很现实的情况是既有知识的束缚，过往经验驱使你把问题想得太复杂，于是自我设置了过多防御系统关卡，反而把自己的灵活意识给绊住了。最可能的做法是一开始先求超越自己，然后追求更进一步，再进一步，这样对自己的逐步进

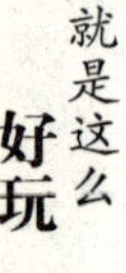

化才是最务实、最可能达到的做法。原本要十天，或是要十个步骤，或者是要十个阶段，先想办法省掉一个，再逐步精省，以超越自己既有成就为目标，才是这里要表达的精神。

鳗鱼肉质细嫩，是非常好的高级食材，但是鳗鱼苗无法人工养殖，只能靠渔民在沿海捕捞野生鱼苗，然后再放进养鱼池进行养殖。台湾有许多鳗鱼养殖场，都是将肉质肥美的顶级鳗鱼外销到日本，替渔民赚进大笔外汇。但是空运日本的过程中，经常发生鳗鱼死亡现象，让渔民伤透了脑筋。倒过来用结论去想，如果鳗鱼要活着，势必要满足一些条件，比如水温、含氧量、食物、鱼的活动空间、改善拥挤状态以及高空气压问题，这些如果都达到一定完美比例，或许鱼就不会死亡了。事实上，渔民以低温、放干冰、打氧气什么都试过，但这样运送成本更高，实际效果却还是很差，鳗鱼的运送折损率仍然居高不下。

有一天，在养鱼池里工作的某位渔民偶然间看见鳗鱼遇到天敌螃蟹时，吓得四处躲藏，看起来生命力特别旺盛。他突发奇想："如果放几只螃蟹在运送鳗鱼的箱中，说不定可以让鳗鱼更有活力。"实际试验之后，鳗鱼存活率果然提高很多。谁也没想到，最好的解决方法，竟然是简单地在每只箱子里面丢进去几只螃蟹。

简单与创意

创意当然有复杂无比的，但简单的创意更让人激赏。简单的解决方法更直觉，成本可能更低廉，而且因为简单，对使用者来说容易理解，更加便于传播、利于营销，也能一直被使用者使用很久。简单的含义并非只是少、单调、不加太多的装饰在上面，“简单”本身有点在追求物质本性。简单是去唤醒内在的真实需求，而将多余的事物减少到最低。

建筑就是一个很好比喻的对象，我们可以设计复杂方式盖出一栋房子，也可以把房子盖得很简单。在一个不太可能盖大楼的地点，靠大量钢筋混凝土打地基，然后矗立起一幢幢的高楼。又或者靠精密的计算，从地下贯穿整个城市，设计电力、水利与排水系统网络，就像创造出一个无机生命体，支撑着人类的各种生活。有的人创意走繁复，也有的人走极简，没有所谓对错好坏。简单的设计里面，比较少有人造添加物，而是尽量利用物质既有特长，甚至依赖天然环境的趋向，打造出共生理念的建筑物。

黑川雅之（Kurokawa Masayuki）是日本国宝级建筑与工业设计师，1937年出生的他，见长于建筑、室内设计、金工、工业设计等多个方面，被称为“日本设计界的达·芬奇”。他系统性整理出的《八个日本美学观点[①]》一书，成为设计人不可不读的圣经。对于如何设计才能恰如其分，他说：“我的设计都是很简单的呈现。很多人认为设计是种装饰，这是错误的想法。如果今天要设计一个人，应该是把不需要的东西扒掉，而不是加上去。”他对设计美感有其主张，“设计师要发掘美的东西，把看不见的美可视化、具象化”。

① 《八つの日本の美意識》可以翻译为《八个日本美学观点》在2006年由讲谈社出版。

同样是日本建筑师的三分一博志（Sambuchi Hiroshi），以犬岛上的精炼所和六甲枝垂自然体感展望台设计案闻名。1968年出生的他，在2011年夺下日本建筑学会赏、吉冈赏，是近年来少见的新秀绿色建筑设计师。我对于三分一（三分一是他的姓氏）的印象，全是来自于几年前的一个老旧建筑翻新规划案，就像台湾对于华山、松烟、四四南村、纸场1918（士林纸厂）等地方的老房子改造一样。

位于濑户内海犬岛炼铜精炼所是一百多年前明治时代的建筑物，差一点成为医疗废弃物处理场。日本财团法人直岛福武美术馆财团理事长福武总一郎（Soichiro Fukutake），为了不让精炼所废弃而买下它，并且聘请三分一进行规划。里面有许多个充满神奇巧思的设计，不需要额外电力，完全依赖大自然的力量驱动。精炼所原本就有烟囱，虽然有百岁历史，可是结构上还是很完整。三分一巧妙地运用烟囱与其下方的砖造建筑物相结合，构成可以产生自然循环风的烟囱效应。在烟囱上方，热空气会上升并产生对流，连带把底部通道内气体往上带，造成室内的冷热空气循环。而室内建筑物靠近地面，由地球提供最佳的冷却环境，就这样冷热不断自然混合以调节室内空气。

三分一在每次接下建筑案之前，一定会在建筑工地仔细观察很长的时间，目的是研究自然与建筑物间的关系。三分一是日本山口县人，在自己老家山口县的Base Valley设计案就更能看出他的巧思。他观察到这个介于濑户内海的某个山谷跟平原的地形常吹海风，但这个有时山风有时海风的地带，无论怎么设计挡风都会变得不自然，而且建筑物为了挡风倾向哪一边都不对劲。最后，三分一在这个100m²的建筑物中央，设计了一条供风穿越的走廊，无论吹山风还是海风，风随时都可以从这里穿过整栋建筑。建筑中使用了大量的玻璃、墙壁则是用钢网回填原先挖出的石块，这都可以吸收太阳热能。当房间过热时，热空气自然上升，这时就会驱动下方信道内的冷空气进入。这样的设计，不但能够带来流动的空气，还可以达到节能、省电的效果。

简单的九个元素与法则

取法自然，让事情变得简单，对自然界每一个生物都有好处。老祖宗们知道把丝瓜故意留下几个不摘，让它们长得过熟再摘下晒干，种子可以种植、果肉可以当菜瓜布使用。菅芒花在晒干后，可以绑成一束变成扫把。西瓜皮、橘子皮、香蕉皮每一种各有妙用。20世纪70年代还是孩子的我在外婆家生活时，物质资源贫乏、塑料类制品尚不普及，家中几乎不会产生垃圾。吃完的食物残渣，不是拿来再利用，就是用来喂养其他的牲畜，就算真的有垃圾，大概也只剩下骨头和鱼鳞这些东西。资源不足的时候，人们懂得不断重复利用资源，但随着物质生活过度发达，每一种科学发明都在追求便利，而不是追求节省、节约，这实在是很可惜的事。

简单是人内心的深层渴望，复杂容易让人却步。简单地解决一件事，也往往比复杂的解法更令人佩服。简单也是机械

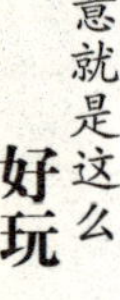

与物质的本性，太复杂的事物往往容易损毁、出故障、寿命不长；就像言多必失的道理一样，零件太多，损坏的概率也会变大。

要发展出简单的创意，或许跟丰富的经验有关，但是多数的简单创意中，却都是因为个人的细腻观察与破坏性思维所致。当你想解决一个问题，用心观察并思索破解之道时，往往可以找出很多种不同解决方式，当你在解决问题时，如果有一种比较简单的做法，就请试着让它变得简单、更简单、再更简单。

不管是要让创意变简单，还是要从简单中发展创意，原则都是一样的。有几种方式，可以帮助我们在一团纷乱中理出头绪，再浓缩、精简成为更为简化的样貌。这九种元素与法则分别是时间、组织化、感动、强化功能、舍去、感染、明确的理由、差异化以及安全感。交错、选择性运用这九种元素与法则，可找出将复杂事物发展浓缩成简单的方式，也可以将自己目前的简单设计进行一次内视体检，看看自己的简单创意容不容易被接受。

元素与法则之一：时间

客户服务有一个法则是这样的：等待的人，会嫌时间特别长；出问题的时候，会嫌处理的时间特别短。意思是说，在百货公司买东西时专柜小姐会帮你结账，若对方拿走信用卡跟商品去打发票，结果等了10分钟还没回来，你可能就要开始发火生气。但是反观帮客人结账时却遇上POS机临时出现故障，急得跳脚的专柜小姐的感觉却是：10分钟怎么一转眼就过去，但是维修的人还不来！

如果想要设计得简单，缩短时间绝对是最重要的元素。原先做一件事需要花上1小时，现在只要5分钟就能做完。节省了时间，消费者还不感激你吗？台湾资深设计师同时也是奇想创造的总经理谢荣雅获奖无数，他有一个有趣的发明叫做“奇想鲜解冻”，运用高导热铝合金和铝挤技术，创造了不需要电源就能解冻食物的金属板。一块2kg重的冰块，在20℃常温下完全融化需要约19分钟，但是放在这块板子上，只要1.5分钟就能全部融化成水。原先需要15分钟才能解冻的鱼[①]，这里只要6分钟。消费者想要健康、新鲜，用这个方法解冻既保鲜又无毒，还有什么比这更吸引人的？

时间是一项珍贵资源，除非你有非等不可的理由，否则在设计师眼中应该这样思考：对于消费者来说，时间永远是最无价的。

元素与法则之二：组织化

同类型的项目可以归成一类，几个中等分类又可以收纳成一个大分类，这样就清爽、简单多了。像大楼、百货公司、学校、商店、地铁设施的指针系统、楼层介绍等，都是经过有系统、有组织的设计。百货公司一楼入口处或电梯边有全栋介绍、每层楼有楼层详细介绍、通道有导引指示，体系间则会互相支持帮助客人知道自己在哪里。在设计上，将同一类型的

① 测试鱼片64g重，并且要偶尔翻面。如果翻面次数多，解冻时间更快。

功能或对象能放在一致性的地方，自然就简单多了。这种把杂乱的数据，做出有条理、有系统、有脉络的整理，就是组织化。

越复杂的系统，就必须依赖组织化的过程。比如多数读者可能不太知道，北京市公交车、台北市联营公交车、香港市区巴士的路线编号其实就是组织化的一种。

北京应该是全亚洲公交车最复杂的城市，为了安排它的线路，在不同字的开头有不一样的意义。不过有些时候为了通融与借用，难免有些破例的编号出现。基本上，北京公交车是用下表来做编码（附带一提，公交车除了车牌号，还有一个5位的红色自编号，那也是有特殊意义的）：

北京市路线编号方式与定义

开头数字	代表意义
1~99路	市区公交线路，由北京公交集团管理
100	为电车线路，由北京公交集团第九客运分公司（电车客运分公司）管理。（但有几路汽车线路除外）
200	夜班线路，运营时间约在23点到次日5点之间
300	市郊线路
400	市区与郊区线路混合
500	小区线路
600	其他路线分过来的，部分为快车并且分段计价线路
700	线路较长且分段计价的线路
800	八方达线路支线、快车线路
900	八方达运营远郊线路

在新北市，如果路线号码为三位数时，每一个开头号码都有特殊意义，代表他的特殊路线或用途（路线号码为一位数、两位数的意义也不一样）。

新北市联营公交车原始路线编号方式与定义[①]

开头数字	代表意义
100	休闲公交车路线，多数在假日或特殊季节行驶
200	以二段票收费的路线为主
300	以三段票收费的路线为主
400	没有这个字头的公交车
500	以空调车营运的一段票收费路线
600	以空调车营运的二段票收费路线
700	以空调车营运的三段票收费路线
800	联营保留号，皆为新北市政府交通局管辖的“新北市市区公交车”路线。配合新北市升格后，也开始使用7开头后段作为新北市市区公交车的路线编号
900	快速公交车

香港采用分区的方式，主要将巴士的路线分为“香港岛巴士路线编号”、“九龙及新界区路线编号”、“大屿山巴士路线编号”、“港铁巴士路线编号”、“过海隧道巴士路线编号”，以及“机场及北大屿山对外巴士路线编号”。

而这六套路线编号系统各不相干，也就是说，每个区都有各自的1号线、2号线等，这里只举例观光客常见的九龙及新界路线：

---

① 因为时代与科技的变化，全部公交车都已经改成空调车，加上增加副线行驶或区域改制，这些原始定义已经出现许多的例外和变动。

香港九龙及新界巴士路线编号系统

九巴（九龙及新界）数字范围	代表意义
1～29	九龙市区
30～49	荃湾区、葵表区
51～69	屯门区、元朗区
70～79	北区、大埔区
80～89	沙田区
91–99	西贡区

现在开始，请试着让你的创意成果有组织化、有层次感，而不是“哇！”一声之后变成全场静默，要知道当大脑里跑出的问题比想掏钱包的速度还快就惨了。

元素与法则之三：感动

很多东西的畅销，常常没有很明确的理由，如果非要问为什么，使用者往往只能含糊地说：“就是爱用。”爱用的背后，是因为喜欢用，喜欢的程度有高有低，但是并非所有的东西都能带给我们一种感动。另外，每一个人对感动的定义也不太一样。创意本身常是依靠功能取胜，但是功能有时候需要解释，功能方面的成就只能展现为效率上的成功。如果能添加更多的感情因素在里面，让对方不仅惊艳于功能还能够被感动，那么说服力就会在无形中倍增。

有一次，我在纽约的美国自然历史博物馆（Natural History Museum of Los Angeles）大厅欣赏展览，那里有着成排的大型哺乳类动物标本，每一个动物的姿态都是那样的灵动、栩栩如生，而且大多数动物都是一对一对的出现。突然之间，从我胃里发出一种不舒服的作呕感，光是这个大厅，就要屠杀多少只动物才行啊？就在我难过伤感之余，标示旁的小字突然让我感受到博物馆人员的用心："本展览均用替代品制造，未伤害任何动物。"

公平交易咖啡也是一个例子，许多咖啡店无不宣传自己的咖啡豆是采用公平交易咖啡，这样确实能博得许多人的好感。致力推行公平贸易咖啡豆的狄恩·赛康（Dean Cycon）发现有钱的国家无论消费多少咖啡，第三世界的咖啡农还是一样贫穷。问题出在大多数的获利全被垄断在"中间商"手中，农民被不断地压榨，就像电影《血钻石》中的情节一样。赛康不断地鼓吹公平贸易咖啡，试图将生产与成本变得更加透明和合理，而不让中间商牟取暴利。通过制度的改善，咖啡农能够获得合理的利润，消费者也付出合理的价格，而中间商在新规则中则收取合理的酬劳。（注：关于狄恩·赛康的故事及了解公平咖啡豆的缘由，可参考台湾脸谱出版社出版的《来自咖啡产地的急件》以及纪录片《咖非正义》）

事实上，在每家咖啡店里品尝咖啡，公平交易咖啡只能保障咖啡农的收入不变，并不能降低消费者所付出的金钱。因此不管你喝下的是35元台币的，还是160元台币的，参加公平交易咖啡的咖啡农拿到的钱都一样。也就是说，你多付的钱，全部成了企业的获利。但是因为气氛、环境跟知名商标（这也代表其后面的庞大营销资源）的催化，大多数消费者还是心甘情愿地掏钱包付账。

感动是一种最原始，但也是最有效的方式。有位专家做过一个这样的实验，他准备两种募款项目，A组是一群贫穷的小孩，她们的照片看起来贫穷、环境也很落后、看起来极为可怜，照片下方则告诉捐赠者这笔钱会如何帮助非洲小孩。B组照片则是一位孤苦伶仃的小女孩柔伊（名字并不是重点），下面有一些描述，说明这个小女孩的孤苦际遇，最后加上一句，你愿意帮助六岁的柔伊上学吗？猜猜看，谁得到的捐款比较多，而且相差十倍以上！猜对了吗？答案是B组。与帮助一群人相比，更明确的标的更能引发感动与关注。现在你知道为什么会在市面上看到台粳米九号[①]、玉文六号芒果[②]，以及精选台凤二号土凤梨所做的凤梨酥[③]的原因了吧！

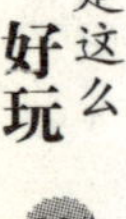

元素与法则之四：强化功能

男人一定知道，双刀锋刮胡刀比单刀锋好用，三刀锋又比双刀锋好用，而现在超市还买得到五刀锋的刮胡刀，号称能够更快速、更轻易地刮干净胡子。创意要简单，只要比原先好一点点就好了。快5%、省17%、更强化、更轻巧、多一个功能钮、电池续航力更高、屏幕大半寸、屏幕小半寸，这些说法

---

① 台中区农业改良场历经十一年，选育出具半矮性、米质优良及抗缟叶枯病的优良稻米品种，甜度较日本越光米毫不逊色，却更耐于长时间保存，隔餐食用时只需加水蒸过便可呈现原本风味，且米饭放凉后仍无损其香味。

② 1995年台南县玉井乡果农郭文忠先生，以金煌为母本，爱文为父本，选育玉文1～19号等19 个品种，其中以玉文六号质量优美，被消费者公认为最好吃的品种而成名，并以玉井及自己名字的首字取名为“玉文六号”。

③ 台凤二号的果状为圆筒形，果肉是淡黄色，多半用在加工与制罐；近年在中部地区有商家用此种菠萝取代冬瓜作馅的凤梨酥，其特殊风味风靡许多消费者，也成为许多游客到中部旅游必买的伴手礼。

对消费者永远有用。

在强化功能的时候，有几个极端之处可以思考，往两端移动能创造简单式的创意：效率更高或更低、难度更高或更低、功能更高或更低。不过要留意有时候物极必反，高未必是好事，反过来，求低反而是好的创意。比如手机的表面更光滑或许很有卖相，但是光滑到不容易握住，容易让人一不小心掉到地上造成损坏，就不是好创意了。

元素与法则之五：舍去

最早的床头音响和录放机有非常华丽的面板和遥控器。我以前有一台爱华（AIWA）的床头音响，双卡的面板上头，有将近50个不同功能的按钮与开关控制器。音响背面也差不多，从110V与220V电压切换，各种声道连接线，一直到收音机的天线接头都有，密密麻麻像树根一样复杂。

现在的家电则完全不一样，工程师终于知道有很多按键对消费者来说根本一辈子用不上，因此把家电控制面板浓缩到只剩下几个键。iPhone绝对算是一个新的里程碑，它那过度简单的接口，刚开始让人很不习惯，但是用久了之后，似乎其自有一定逻辑存在。

汉斯·霍夫曼（Hans Hoffmann）是抽象表现主义画的先驱者，他将欧陆风带进美国，并在美国通过开设绘画学校推广画画。20世纪30年代他在美国纽约与马萨诸塞州普罗文斯敦创办了学校，学生誉满天下，现在我们只要提到抽象表现主义画家，几乎一半都是霍夫曼的学生。霍夫曼曾说过，“舍去简化的能力，是把不必要的去掉，然后让必要的能发声”。只不过，每一个人对“不必要”定义不太一样。

早期的工程师，是以备而不用的心情进行设计，生怕用户需要的功能没被放进去，万一需要用到时却因为缺少这功能，而造成困扰。之后慢慢地演进，功能被切分成罕用、少用、常用，或是普通与进阶功能等。创意者的最大能力，就在于分辨出罕用、少用或是常用是什么，什么是“不必要的”可以舍去，这个产品应该提供什么核心功能呢？拿计算器来说吧，财务部门会计的手上，会希望出现一个log或是X^y按钮却一辈子派不上用场，还是把小数位数、千分位数、无条件进位、自动四舍五入这些常用的按钮做进去呢？

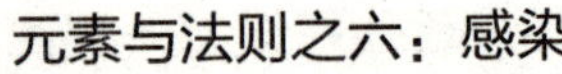

元素与法则之六：感染

吉雅科摩·里佐拉蒂（Giacomo Rizzolatti），李奥纳多·佛格西（Leonardo Fogassi），比多里欧·迦列赛（Vittorio Gallese）在《科学人杂志》[①] 上发表一篇关于镜像神经元的研究。实验是先给猴子任务，让它们抓起一块食物，送进嘴里；然后接下来的实验，则是要猴子抓起同样的东西，但是不放进嘴里，而是先放进某个容器里。结果发现，虽然拿的东西一样，但是因为目的不同，所以记录到多数神经元放电形态也有所差异。（这挺好理解的，当你的身份是警卫，正准备运钞票给银行，跟你的身份是得奖者准备收到巨款，两者心情当然不一样）

---

① Rizzolatti G., Fogassi L., Gallese V. Mirrors of the mind. Scientific American 295（2006）54–61.

接着研究团队又做了进一步的试验，他们让猴子观看实验人员进行它曾经做过的动作，再测试神经元的镜像特性。方法是让人表演抓东西吃，或是仅仅抓东西放进容器中给猴子看。结果很有趣，实验人员的动作不同，猴子脑中大多数镜像神经元的活化情形也会有所不同，而且猴脑神经元的放电形态，与猴子自己执行该行为时的表现完全相符。也就是说，猴子对于实验人员的行为，完完全全反映出“感同身受”的现象。

其实你也可以在现实生活中观察到这一现象，一个小孩在玩手机时，许多小孩会围着看，大家眼睛一动都不动、眼皮连眨都不眨，生怕漏掉画面上的任何动作。在这当下，每个小孩便有如“自己也在玩”一样，我称这种现象叫做“我也想要有一台”现象。

简单的创意，并不靠复杂的理解获胜，而是当别人操作过、体验过、拥有、爱慕时，这些历程对其他消费者有一种强大的吸引力。原先没有人试吃的摊位、没有人进驻的餐厅、没有人光顾的咖啡厅、没有人流连的摊位，只要被看到有人坐在里面，就会提升起其他人“我也来试试看吧”的心理作用。跟一张摆着标价的空椅子、塑料架支撑的大衣、屏幕关机的平板电脑相比，有人坐在椅子上、把支架换成假人模特儿、平板电脑启动并运作着有趣的程序，是不是更能让人有一种想拥有的冲动？现在，你明白什么样的广告比较容易让人买单了吧？运用感染，创意可以变得很简单。

元素与法则之七：明确的理由

大贺典雄（Norio Ohga）是索尼（Sony）的前任社长，退休后担任指挥家、东京爱乐乐团理事长。当年索尼与飞利浦（Philips）合作开发CD光盘时，飞利浦提出建议让一张CD的内容量为60分钟。这很符合工程师逻辑，60分钟刚好等于1小时，而且跟当时卡式录音带的规范相仿，当时卡式录音带共有C46（每面23分钟）、C60（每面30分钟）、C90（每面45分钟）和C120（每面60分钟）等四种规格。

但是这个提议被大贺否决，大贺认为用CD听交响乐是非常重要的功能，如果听到精彩的时候被迫中断换片，那会多煞风景啊！然而古典乐中演奏最长的就属贝多芬第九交响曲，4个乐章中末乐章歌词由德国诗人弗里德里希·席勒（Johann Christoph Friedrich von Schiller）的《欢乐颂》[①]中部分诗句改编，第九交响曲的别称"合唱"也由此而来。第九交响曲按照指挥速度略有差异，最长的长达74分钟，因此应该以此作为CD的长度标准。大贺的坚持最后被大家所接受，因此最早的CD设计，并不是60分钟而是74分钟。

如果一个创意要简单，只需要一个能说服别人的理由就够了。

元素与法则之八：差异化

我打算设计一支铅笔当赠品，木头色的外观、橡皮擦笔头、2B的笔芯，听起来就跟其他铅笔没两样，事实上，这

① 《An die Freude》常被翻译为欢乐颂、快乐颂。

是请玉兔铅笔代工，我自己完全没有制造上成本与专利的优势。但是要让人感到不一样，总是要有一些变化，因此我设计了一段古埃及文在上面，让拿到的人觉得有特殊的价值感。当收到的人知道上面写的是3300年前图坦卡门法老的名言，这支铅笔应该会与其他铅笔有一点点的“差异化”。

创意在越是单纯的元素上，越能显现出功力，但是要让人觉得不同，设计中总是要添加一些差异化。台北故宫博物院的四楼是三希堂，这里的空间与情境，是仿照皇帝饮食起居概念所设计，让全世界到三希堂用餐的旅客，能体验古代皇帝如何享受天下美食。皇帝富甲四方，各地奇珍争相进贡朝廷，因此要吃到台湾各地美食应该不是问题。事实上，在三希堂不但能喝到全台湾最棒的有机茶，还能品尝到最鲜美与奇特的蔬果。故宫礼品暨餐饮服务总经理何春寰下了许多苦心，促成故宫与台湾茶农、菜农和果农直接合作，虽然食物外观跟其他餐厅的材料相似，可是闻起来、喝起来、吃起来口感与甜度就是不一样。

最让人感兴趣的是三希堂的筷子。这里的筷子后方都有一截金属端，整支筷子拿起来沉甸甸的，刚开始我还以为是装饰品，后来一问才知道这是为了让客人能够往后面一点握。如果没有加上金属，筷子的重心将落在约莫一半的位置，持筷子的人顶多会握在这个位置附近，夹菜会比较不方便。如果加上金属，重心将落在后方约三分之一处，客人自然会把手握在较后端的位置，筷子伸长夹菜也比较方便，自然能夹到较远的菜，而且握起来也会比较稳。

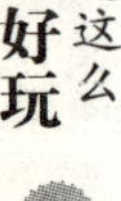

元素与法则之九：安全感

紧急事故发生了，你要从四楼逃出窗外，现在有两个救命的东西在你眼前供你选择，一个是一条绳索，另一个是高科技急救包，上面有十几个按钮，分别代表攀登、垂降、飞行、跳伞等多种功能。你会选择绳索，还是高科技急救包？

单纯、简单不仅仅是创意设计上的问题，简单的东西我们一眼就看穿了，构造扎不扎实没办法造假，所以给人的安全感也会比较高。相反地，越是简单，就越要给足安全感，否则会有反效果。我有一位朋友，他开发的是某种特殊铝合金材料，强度无比强韧，专门提供用以生产登山扣环。经过强度测试，在扣环上挂上登山绳、铁丝、钢索等，然后再用机械往两边拉，结果都是这些绳子先断裂，扣环则是连弯曲都没弯曲，十分惊人。他继续精益求精，生产更强韧、更轻巧、更细的扣环，但是销量却反而下滑。经销商反映，比较粗的扣环看起来比较结实，虽然都知道细的更好、更韧，可是消费者的眼睛跟大脑还是会不由自主地选购那些比较粗的。

大体上来说，安全感来自于对既有事物的理解，当过度简单到超过预期的时候，只好靠心理学来帮忙办到。20世纪70年代UNIX的大型计算机体积极为庞大，比现在的箱型空调机还要巨大，不过主机上面的灯号很少，只有电源与运转几种灯号。有位台湾“国立清华大学”的学长告诉我，那时候为了让学校有“安全感”，他们去定做了好多有各种小灯随机闪烁的面板，然后把这面板附挂在主机前方。主机启动时，几十个小灯不断在交替闪动，让主机看起来显得额外“忙碌”，校方就会觉得这将近100万美元的主机真的值得。听起来，解决方法简单又有安全感，不是吗？

演练一

观察一下，每件商品都是怎么设计的，或是他们流程上有什么相似或相异点。比如，你可以访问各种茶叶商店，问一问他们的生产流程。或者是比较每一家超市，看看他们货物补货时间、盘点时间、交班时间等，看看其中有没有可能相互汲取的教训，改善某些机制，并将效率提升更多？

写下你的演练日期与心得：

____

____

____

____

____

演练二

写出你现在进行的工作，然后试着思考出二十种简化的可能。

写下你的演练日期与心得：

____

____

____

____

____

写下你的大创意：

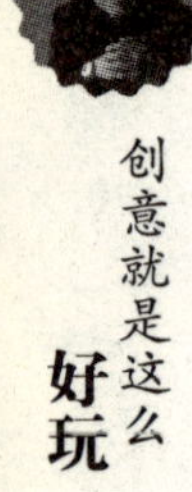

第十一章

故事　Story

早在我写作故事之前，我就倾听故事了。

——美国小说家尤朵拉·韦尔蒂（Eudora Welty）

我曾在一家女士内衣公司担任顾问工作，小老板陈泰是个充满想象力、有理念的年轻男性，对内衣事业有自己一套哲学。他借助家里多年打下的传统产业的实力，打算开创出自己的品牌事业，里面包括一系列的女用内衣服务与产品。他告诉我，现在所有的基础工程都做定了，就缺一个品牌计划。

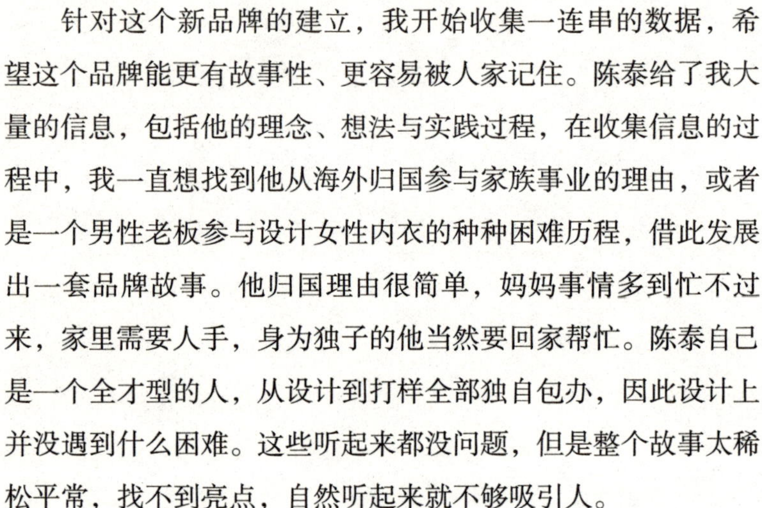
针对这个新品牌的建立，我开始收集一连串的数据，希望这个品牌能更有故事性、更容易被人家记住。陈泰给了我大量的信息，包括他的理念、想法与实践过程，在收集信息的过程中，我一直想找到他从海外归国参与家族事业的理由，或者是一个男性老板参与设计女性内衣的种种困难历程，借此发展出一套品牌故事。他归国理由很简单，妈妈事情多到忙不过来，家里需要人手，身为独子的他当然要回家帮忙。陈泰自己是一个全才型的人，从设计到打样全部独自包办，因此设计上并没遇到什么困难。这些听起来都没问题，但是整个故事太稀松平常，找不到亮点，自然听起来就不够吸引人。

在某一次对话中，陈泰提到他在就新西兰读书期间，曾和朋友一起去过一个叫做“胸罩围墙（Bra fence）”，的地方。那是一条横穿草原的笔直马路，马路两旁是竖立着一望无际，像是防止草原动物随便横跨马路用的铁丝网。就在马路中段的地方，铁丝网上被挂上大量胸罩，数量非常惊人，五花八门什么颜色和型号都有。据他听到的说法，女性在那里脱下内衣后，就会把内衣挂在铁丝网墙上，代表女性勇于解放自己的象征，从此不再受到内衣的钳制。他这个奇特经验吸引了我的注意，我请他多说一点，包括他那次怎么去、跟谁去、看到了什么、自己又是怎么想的。等到我完全了解后，便上网找查了一些资料与照片，让自己融入那情景，参考了他的描述，再将他所述说的情节重新编排，最后产生了一个品牌故事。这个故事是这样的：

“有一次，我与朋友驾车前往新西兰南岛玩，朋友告诉我，靠近皇后镇有个叫做Bra fence的地方，一定要去看看。”第二代经营人陈泰说。

“那是一排铁丝网，但是却悬挂满了胸罩。”陈泰张开双手比了一个很长的示意说，“那铁丝网根本一望无际！”

“当时，我们看到一位年轻辣妹正脱下胸罩，挂在铁丝网上，在场男士因此都大饱眼福。不过，那位辣妹不久后便折返回来，把挂在网上的胸罩取下又穿了回去。”

陈泰与这几位伙伴禁不住好奇心，上前问这位辣妹为什么要把胸罩又拿回去呢？

“因为穿了很不舒服，所以脱下来之后有种解放的感觉，那真的很棒！不过，因为乳房比较大，不穿也很难过。几经挣扎，我想，还是拿回来穿吧。”

陈泰告诉我们，他那时候就觉得，女性对胸罩一定存在很多的不满意，但是身为终端消费者，大多数人是无力改变这种情况的。但是，身为传统产业第二代负责人、家中新事业发展责任的肩负者，这或许是一个绝佳的契机。

陈泰在新西兰读书期间，研究了女性胸罩的市场，慢慢地跟母亲学习打版、制样的技巧，然后使之融合在一起，找员工开始试验制作新款内衣。刚开始遇到重重阻碍，只好亲自动手拆解买来的市售内衣，发现市售内衣都是模具压制而成。同一家厂牌的罩杯杯型几乎一样，只是随着比例变大，而不去调整形状。

“这就像发型一样，哪有人的头形会一样呢？当然都略有差异！胸部也是一样，用同样的弧度、线条套用在人身上，那是强迫大家去变成胸罩线条的美丽，然后大家都变成机械化的相似，”陈泰说，“我要做的是要将胸罩变成人的配件，去凸显女性人体原先的曲线美！”

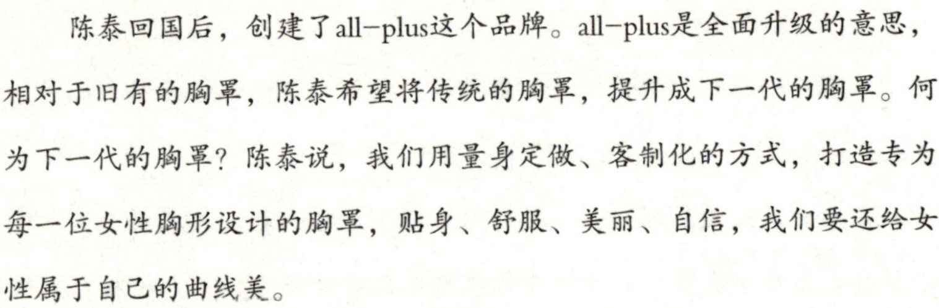

陈泰回国后，创建了all-plus这个品牌。all-plus是全面升级的意思，相对于旧有的胸罩，陈泰希望将传统的胸罩，提升成下一代的胸罩。何为下一代的胸罩？陈泰说，我们用量身定做、客制化的方式，打造专为每一位女性胸形设计的胸罩，贴身、舒服、美丽、自信，我们要还给女性属于自己的曲线美。

故事在创意里的角色

在这本书里，读者可以发现，为了说明一个概念，书中经常使用非常多的故事。不仅如此，在我的课程中，同样随时都充斥着故事。曾有位学生问我，“老师，你如何信手拈来这么多的故事？”我犹豫了一下，不知道该不该告诉她这个秘密。首先，这绝对不是所谓的信手拈来。为了上课，我必须要准备两倍以上的故事，以备不时之需。其次，这些故事都是专门为课程所挑选，用以强化课程中的内容，并非是临时想出这些故事。

每个人都说，创意就是在说故事，其实这样的说法是把故事的力量看小了。故事无所不在，故事的爆发能力远远超过一般人的想象。但是创意不只是要学说故事，还包括何时该说故事，该说什么故事，故事说完之后又该怎么样收尾。中文的文章写作讲求起承转合，如果我们把创意比喻成做文章，会发现一样有起承转合四个象限。不过整个创意过程中，未必非得一定要放一个故事不可，就算要添加故事，故事也不一定非要在什么固定位置，起承转合四个时机都各有优点。但提醒读者一点，故事本身可能也会有起承转合四部分，但在此先不讨论单一故事的结构，只讨论故事在整个创意起承转合中的位置关系。

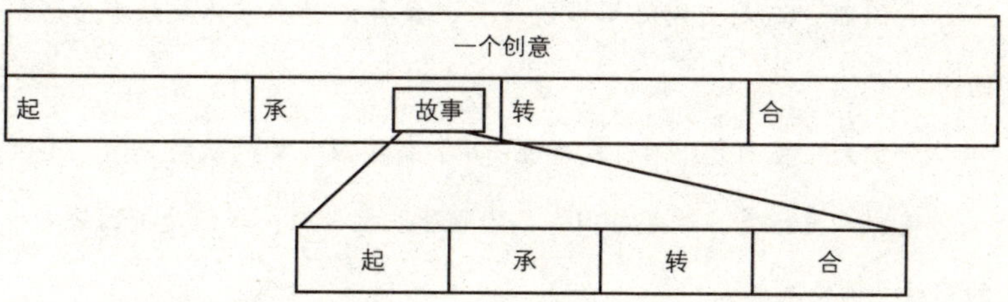

◎ 起

把故事摆在创意“起”的位置，相当于从一开始先铺陈，类似破题的方式，立刻让大家进入某种情境。“起”是我自己最常用的方式，经常使用在信息不对等的时候，先把听者的经历与我们同步一下，接下来的进行就容易多了。

有一次，我想与学生们谈谈创意管理的盲点，主要是想提醒大家身为管理者，尤其是资深的高级管理者，常会因为本身的权力过大或是经验过多而目中无人，延误了许多好的创意发展时机。光看字面，其实我已经将我的诉求说完，不是吗？可是读者可以想一想，这样平铺直叙的说法，学生能理解、记得住吗？这样的说法，学生们肯定听了就忘，一点儿都不会放在心上。为了要每个人理解这一个主题，我决定课程一开始就用故事来当帮手，先强化大家的心理建设，稍后再做实务分析。于是，课堂一开始我就跟大家讲了这样的故事：

信不信由你，这真实事件发生在1995年10月，加拿大纽芬兰海岸管理局人员与美国海军船舰的真实无线电通话抄本。这抄本在1995年10月10日，由美国海军总部亲自公布此通话记录。

美国船：请你将船朝南转0.5°以避免相撞。

加拿大人员回复：建议你改变航向，请朝南15°以避免相撞。

美国船：这是美国海军军舰舰长，我再说一次，你要改变你的航向。

加拿大人员回复：不，我再说一次，你要改变你的航向。

美国人员回复：这是美国海军珊瑚号航空母舰，我们是美国海军中的巨舰，你给我转向！

加拿大人员继续回复：我这里是灯塔。

那还有什么好说的，航空母舰当然是非转向不可了。故事说完后，我让每一位学生去投射，先将自己融入此故事情境中，再试着回答一些问题。问题一：为什么权力容易腐蚀人心？问题二：当自己是舰长的时候，什么条件、环境或是方式可以砥砺、鞭策自己不被权力腐蚀？问题三：当你听完这个故事，你从中学到了什么？学生的反应当然很激烈，尤其是如何避免自己重蹈覆辙的议题，许多人都提出独一无二的创意解法。故事再加上学生的反思过程，每一位都在大脑里想过一遍，也明白整个架构的关联性，因此学习效果远比前面说的那样平铺直叙来得有用。

不过有趣的是，这个故事版本其实很多。除了要求转几度不同外，舰名也多有差异，像是密苏里号、林肯号、企业号……最重要的一点，这个看似真实的故事，其实是一个杜撰的故事，这些场景与对话根本没有发生过。为什么能够历久弥新？哈！因为它是个好故事啊。

这里虽然讲到可以用故事做创意，可是“故事”二字的范围未必限定在对话中。故事可以通过许多种接口传递，一项商品或服务里到处也都是在与消费者沟通一些故事。有形体沟通的，如外包装、内包装、说明书、保证书、产品裁切、产品外观、产品口感等都是沟通重点，这些理性指标容易度量且比较方便，是产品或服务进入市场前必须留意的地方；无形体的沟通如故事、意识、主张、想法、坚持等，这种沟通比较偏感性，需要时间解说或是理解。这些被包装过后的故事，全都扮演极为重要的角色，当读者、观众、消费者第一次接触的时候，故事能帮助他们马上进入状况。

◎ 承

把故事放在“承”的位置，作用比较像印证。当分析完一段数据，说明了来历，也彰显出好坏之后，这时来一段现身说法的故事，就会有如神来之笔般妙用。例如讲营销原则的时候就拿常听到的“营销四P”为例，产品、价格、渠道、推广各有其重要性，每个P都代表一项涉及市场分析、任务原则、公司流程或战略规划。接着，再用几家公司当实例，这几家公司的真实案例便是“故事”。

既然是要“承”，就要挑一个能加乘、辅佐的方式。我曾经见识过一家幼儿园的营销方式（她们做得非常自然，一点都不做作，所以说不定她们自己也不知道这是在营销），园长在为家长介绍课程、教法、环境设施之后，会请出几位高年级的小朋友，帮客人奉茶和带客人导览全园。老师在旁只是观看，并不插手干预小朋友的行动，完全让小朋友们自由发挥。当小朋友端出茶说一声“请用”，再以从容自若、井井有条的方式对大人介绍园区概况，家长就算再不通情理也能领悟到，这里的老师教得真好！一家幼儿园说自己的幼儿教育很棒、理念有多么高尚，让人家马上相信难度会很大，但是请出小朋友现身说法，有谁还会怀疑呢？

◎ 转

要把故事放在整个创意“转”的位置并不容易，因为这需要先准备非常好的故事，以及非常巧妙的衔接。转的过程经常是惊呼的，让人讶异的，更是让人佩服的。我曾经参观过一家餐厅，餐厅里面的菜单平平，看不出有什么厉害之处，基本上就是那种900元台币或者1300元台币两种价位，任选一种由老板帮你配菜的餐厅。

前面几道开胃菜有点意思，看得出主厨是一个用心的人，摆盘功力尤其一流。直到主菜端上前，大家的味蕾已经被翻腾数次，开始讨论主菜会是什么样的方式料理、大概会有什么口感。当主菜端上桌时，“哇”是我们唯一可以说出的话，大厨把当日海港买来的鱼下巴，用烤的方式搭配海盐、海菜，上面放了朵“黄色小花”，旁边是新鲜的海胆，容器是花瓣形的有色玻璃，看起来令人垂涎欲滴。送菜的女服务员告诉我们，这朵花是后面有机香料圃的草花，搭配上面的这一块方形鱼肉一同食用，之后会让口腔产生一种清新的味道，这样会更能吃出鱼的鲜美。

不是要卖关子，我早就不记得那朵小花的名字，但是那美妙一餐的记忆，随时都能把我的口水呼叫出来。这种由浅到深，然后给人当头一棒的创意表现，现在想起来，就像是有计划的铺陈设计，低调而渐进的手法，让人一步一步迷上它，只能说真的是太精彩了！

转的过程经常是创意的精华所在，这种创意效果惊人但是很难设计。如果各位想把故事放在自己的创意中转的位置，就要花更多时间研究铺陈这件事。以创意设计商品时，转的设计总是会暗藏惊奇。韩国设计师Nojae Park曾经设计过一个汤匙，这个汤匙专供吃酸奶的时候使用。相信读者都知道，市售的酸奶杯子多半都是白色圆柱形，用附属的白色塑料汤匙，吃到后来经常会刮不起来，若你舍不得怕浪费，只好倒出来喝。Nojae Park 设计的汤匙特点是汤匙尖端并非是椭圆形的，而是接近直角三角形状。因为椭圆形跟杯底的直角间仍有空隙，换成前端略带三角形，就能填补这些孔隙，可以几乎一滴不剩地完全把酸奶挖出来。

◎合

被放在整个创意“合”位置的故事，具有结论和收纳的能力，而且这个故事会让人回味很久。苹果公司创办人史蒂夫·乔布斯在2005年对斯坦福大学的毕业生演讲，这场演讲最后提到：

我年轻时，有一本神奇的杂志叫《Whole Earth Catalog》，这在当年可是我们的经典读物。那是由距离这不远门洛公园的史都华·布兰德（Stewart Brand）创办的，他以诗意赋予这本杂志生命。那是20世纪60年代末期，个人计算机与台式计算机还没出现，这本刊物都要靠打字机、剪刀和拍立得相机做出来。看起来就像纸本的Google，还比Google早了35年，这本杂志充满理想主义，有很多新奇方法与伟大见解。

后来，这本杂志还是陨落了。在停刊号的封底，是一张清晨乡间小路的照片。乔布斯继续说，

照片下面有一段话：常保持饥渴，总当个傻瓜。（Stay Hungry. Stay Foolish.）

那是他们停刊的告别信，我总以此自许。现在，当你们毕业，展开新生活，我也祝福你们能做到这点。

事实证明了，这句“常保持饥渴，总当个傻瓜”确实达到了“合”的效果，成为整个演讲的核心所在。而且原文“Stay Hungry. Stay Foolish.” 通过出版、网络、电视、影片、演讲等各种媒体传递，一时洛阳纸贵，到处都有朋友转寄这篇翻译文章，并将这四个英文字当成全文标题。这感性又充满期许的短短四个英文字，更被翻译成很多种版本，像是“保持饥渴，保持愚昧”、“求知若渴，虚心若愚”等。这里要补充一下，为什么我在此特别搞怪，不跟人家一样翻译，原因是李开复曾提到他去拜访过这段话的原作者凯文·凯利（Kevin Kelly），李开复问道：“史蒂夫·乔布斯从你那里学到了人生的座右铭，Stay Hungry，Stay Foolish. 这句话你是如何理解的？你可不可以用最简单、最容易懂的语言，阐述、诠释这四个英文单词？”而凯利回答：

“我们必须了解自己的渺小，如果我们不学习，科技的发展速度会让我们所有的一切在五年后被清空。所以，我们必须用初学者谦虚的自觉，饥饿者渴望的求知态度来拥抱未来的知识。”

说得一点没错，学习本来就该“常保持饥渴，总当个傻瓜”，谦卑才是做学问的大道理。

创意中故事的元素

在讨论完故事在创意中扮演的角色、环节之后，现在回到故事本身。创造故事需要有很多元素，对于一个完整故事来说，主角和主角特质是故事开始时就要设定的，接着是时间和地点的情境选择。在故事发展中，势必围绕这个主要问题或冲突，其中包括这个问题的成因、现状、解决可能性等，然后故事开始交代事情的经过，这部分可能会比较琐碎、冗长，但是缺了这一块，读者也就无法掌握整个情节。面对这些问题，主角又是如何反应、处理的，可能反复成功与失败，创造出几个高潮迭起，最后到了故事的尾端，也就是结局。结局大致可以分成欢乐的或是悲伤的两种，但是无论怎样，好的故事都该带给大家一些反思。

这些要点，刚好也呼应了高雄师范大学王琼珠教授在《故事结构教学与分享阅读》一书中曾提到，故事结构元素包括六项：

一、主角和主角特质

二、时间和地点的情境

三、主要问题或冲突

四、事情的经过

五、主角的反应

六、故事的结局

不过对于一个要用在创意中的故事，故事结构需要这么严谨吗？这可就未必了。一个用于创意内的故事至少要包括几个指标元素：简单、易懂、切题、共鸣，在其中各取一个字，可以缩写成“简易题鸣”四个要点。虽然故事的元素看似如此简单，但正因为简单，所以才不容易掌握。一则创意故事并非所有元素都要齐备，有时候只要能办到其中之一，就能称得上是一个好故事。和读者分享一个我在上海搭出租车时，从广播电台上听到的一个故事。

什么是男人成功的标准？

5岁男人成功的标准，是不尿床。

8岁男人成功的标准，是能自己吃饭。

20岁男人成功的标准，是有钱。

30岁男人成功的标准，是有钱。

40岁男人成功的标准，是有钱。

50岁男人成功的标准，是有钱。

60岁男人成功的标准，是能自己吃饭。

70岁男人成功的标准，是不尿床。

当然你可能听过许多类似，但是在年纪、性别上略有差异的版本，甚至成功的标准置换成有点搞笑或是略带情色。但是总的来说大意都是一样，老人跟幼儿都面临着同样的难题！

好故事是不是真的，一点也不重要，但是人们听完后，总是能挖掘到那背后的深层意义。这个故事同时符合之前六项结构元素，以及我们提到的“简易题鸣”这两个要旨，可见小故事也能蕴藏复杂结构，具体而微才把故事表达得如此精彩。好的创意故事还有一个特质，就是故事本身与要表达的意义之间（这要表达的就是创意的母体），有加乘而非互斥的关系。

◎ 切题

每个创意总是会有一个主题，针对主题来说，所有的设计都必须围绕着它打转，要不就是更仔细地去诠释主题，不然就是强化或是引申主题的效果。当这些细节不断被强化的同时，创意本身就更能被人家所看见，创意被理解、吸收的机会就更大了。这就好比一场大型的展览，展览的主题与周边的配套，环环相扣、事事搭配不能有任何闪失。2012年在台湾举办的第二十届台北国际书展，主题是绿色阅读，会中强调“绿生活已经是全球先进生活的共同指标，关心环保、实践乐活、推广低碳与永续发展，人与自然环境的共生共存，都是全世界关注的焦点”。因此，这届书展将以“站在一个承先启后的里程碑，‘绿色阅读’主题馆以阅读的过去、现在与未来情境，期许推动台湾出版迈向更科技、更环保、更乐活的文化图景”。

整个展览主题可以说是创意的题目，而且主办单位也定义了“关心环保、实践乐活、推广低碳与永续发展”，剩下的就是要找故事来帮忙强化。如果2012年你参加过台北市国际书展，自然不会错过展览中十六、十七世纪珍贵的明代古籍、意大利摄影大师Massimo Listri的经典摄影、德国发起的漫画集体创作“摩根未来市”在线出版成果、电子书的延伸阅读体验区展览、法国艺术家Claire Xuan创作环保纸材手工书与自然摄影等。这些故事所扮演的角色，就是在不断烘托出主题的合理性与重要性。唯有当这些证物不断切题、加成，主题才能被彰显出来。

◎ 简单

简单不是随便，而是简约、简化，能快速显露出核心所在。简单最好符合通用设计的原则，否则简单到要用猜的话可就不简单了。

位于台北外双溪的台北故宫博物院内就藏有许多小创

意，以厕所为例，男女厕所标志就与我们常看到的西装、仕女图案不同。故宫的厕所识别系统中，男生是一位戴着清朝官员“顶子”的剪影，一般也称这种帽子叫顶戴花翎，女生则是头顶着清宫大拉翅的模样，两个图案设计都非常可爱。不过外国人没有这样的文化经验，要看懂官帽、大拉翅当然很难，既然分不出男女，肯定是要跑错房间闹失礼笑话的。所以设计者采用了两个不太合情理但却有效的通用设计方式，首先是图案的形态，男生穿裤装，女生穿裙装，这可以帮助很多人辨认。第二点，男生用蓝色标示，女生则是画成粉红色，这几乎已经成为国际通用表达男女性别的颜色语言了。

然而过度简单也会出问题。台湾高铁站内有些厕所的辨识系统很简约，从某些角度看仅有颜色却没有文字、图标，有几次我帮外国人找厕所，她们对我说女厕所墙壁用粉红色当标志是很棒，但粉红色的第一印象让她们以为那是哺乳区或是展示间，怎么联想都不会猜是女厕所。

前不久我刚换了一部大屏幕的新手机，我一直搞不懂上面所有插槽的功能。在手机侧边，有一个看起来可以打开的插槽盖子，盖子上面写了“HDMI”四个字母。说明书对这项功能描述得很简单，就叫做“HDMI①端子”，我真想写信给这本手册作者问他，“那你知道什么是CERN 吗？”这个说明差点惹毛了我，HDMI端子到底是缩写还是接头？线这一段接手机，另一端又要接到哪里呢？功能说明不清，盒子里面也没附

①CERN是欧洲核研究组织（European Organization for Nuclear Research）的缩写。

这样一条线，更有趣的是，我去3C卖场问还不是每一家都有卖这条线。后来我上网查询，找到的解释如下“HDMI（高解析多媒体接口）是近来快速普及的一种数字显示接口技术，HDMI是从DVI（Digital Video Interface）接口发展而来，它的最大特点是整合影音信号一起传输”我真的怀疑有多少人看得懂这句话的意思。这让我想起某位信息高人的说法，没用到的接头装在3C产品上实在一点意义都没有。这个小小的接头，后面势必还接了很多零组件，与其要给消费者方便，不如把这几毛钱省下来，否则买手机的消费者，不但没用到这功能，成本费用还是被摊进了手机售价中。

◎ 易懂

创意是一种创新与认知的平衡点。创意的目标，就是要让读者、观众容易理解，否则又何必玩创意呢。易懂也代表沟通语言与读者、观众达成一致，为了“讲他们听得懂的话”，通过故事描述要比直接讲问题有效果。最近的电视连续剧《新水浒传》里，改编了原先的小说《水浒传》的神话与暴力情节，而加入更多务实与合理性。其中有一个桥段改得很有趣，也可以突显本书主张易懂的价值。水浒英雄各有所长，原是草莽出生的兄弟，上山自然如鱼得水；但是有人原来是政府官员，被逼上梁山后还是一心只想被皇帝招安转回良民。智多星吴用、入云龙公孙胜等人知道这样下去，将会缺少为何而战的目标，为了巩固分崩离析的人心，于是设计了一个人人立马都能懂的创意。他们请圣手书生萧让、玉臂匠丁大坚深夜在石揭村埋了一块大石碑，除了大大的替天行道四个大字外，另外也载明了108人原来是上天下凡的三十六天罡、七十二地煞，这块石碑被“意外地”挖掘出来，自然惊动了所有人，这下大家全明白了，原来我们的缘分是上天给的，这天罡地煞的位置恰巧可以排交椅座次，不但摆平了谁长谁幼的问题，大伙也就有了齐心奋斗的思想准备与目标。

太难的理论用分析、讲道理的效果很差，越难我越建议各位用故事解释。管理学对一般人来说很难懂，要按照步骤、理论、实务一一解释，恐怕没几个人有耐心听完。比如有一个命题是，办公室中的所有人要如何和谐相处呢？在管理上我们可以怎么做呢？单用理论解释想必一定很枯燥，可能还会第一点、第二点一直到第五、六、七点解释不完，对一般人来说（尤其有人天生就不是念书的料），一定在学习过程上痛苦万分。网络上曾流传过一篇文章《狮子分肉记》，作者不详，刚好在此派上用场。顾及著作权考虑，这里我还是把它改编了一下。

狮子分肉记

从高级管理在职班（EMBA）毕业的狮子让一只豹管理十匹狼，主要的任务是帮狼群分配打猎所得。

每天狼群去打猎，回家之后，所有食物先集中。之后豹会取出磅秤把肉平均分成十一份，自己取走一份，其他的发给十匹狼。

不久之后，每一匹狼都觉得分得太少，就联合起来跟豹抗议。虽然一匹狼斗不过一只豹，但十匹狼一起闹，豹就没法对付了。

这一天，愁眉苦脸的豹来找狮子面谈，申请立刻调职。

狮子说，别这样灰心，让我来示范给你看。

大老板狮子来了，狼群们马上开始卖力捕杀食物，当天晚上，狮子把肉分成十一份，但是狮子不但不用磅秤，而且每块肉大小不一。狮子自己先挑了最大的一块，然后对其他狼说："你们自己讨论怎么分吧。"然后就头也不回地走了。

为了抢夺到比较多的肉，狼群里每匹狼都红了眼，先是内部一阵厮杀，你争我夺不惜撕破同胞情谊，就怕自己拿的比较少。

豹用仰慕的心求教狮子，请问这是什么道理？

狮子微笑说，你听说过人类的工资是按照"绩效"核发的吗？

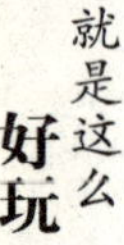

第二天晚上，狮子抵达会场时，狼群又开始鼓噪。狮子照例把肉分成十一份，但是自己却取走了两块最大的，然后对其他狼说："你们自己讨论怎么分吧。"说完就头也不回地走了。

十匹狼有了昨天的争夺经验，手脚快的跳出来夺那九块肉，生怕自己吃不到。最后，一匹身体羸弱的老狼倒在地上奄奄一息。

豹再次用仰慕的心求教问狮子，请问这是什么道理？

狮子微笑说，你听说过人类企业体质要健全就要先"末位淘汰"吗？

第三天晚上，狮子一来就对肉的收获表示不满，今晚是本周捕获量最少的，然后骂这些狼太不积极了。狮子把肉只分成两块，自己却拿走一块，然后对其他狼说："你们自己讨论怎么分吧。"说完就头也不回地走了。

群狼相互争夺，很快最强壮的狼打败其他所有狼，等它吃饱了之后。才允许其他狼来吃这些残肉，于是其他狼都成了它的跟班，恭敬地按照强弱顺序来享用自己的那一份食物。

从那天起，狮子每天晚上出现，就发现食物已经分好两块，一块比较大的写“敬献狮王”，另一块前面匍匐着那匹最强壮的狼。久而久之，狮子连会议都不出席，因为食物会自动送到巢穴处。

豹再次用极其仰慕的心求教问狮子，请问这是什么道理？

狮子微笑说，你听说过人类的理论，职场靠的是“竞争上岗”吗？

某一天，狮子要求把肉全部送到巢穴，然后叫狼从今天起去吃草。

因为之前狼群不断争夺狼群首领，狼群内耗过大，每个人都已经无力反抗，于是只好逆来顺受去草原上吃草。

豹实在太激动了，它用尊敬的态度问狮子，这又是什么道理呢？

狮子微笑说，你听说过人类提倡“和谐社会”吗？

豹：……

对于我们要表达的办公室要如何做到和谐，管理上怎么做，这个故事，是不是很贴切又发人深省呢？

◎ 共鸣

简单地说，共鸣是我们在故事中，发现了我们强烈认同的观念。如果这些观念，与我们日常经验相符，先是得到我们的信任，然后就会引发一阵涟漪。所以故事在解析时，里面的几个重要元素，包括用词遣句都必须要仔细小心，最好和听故事人的用语习惯能够一致。

就拿《狮子分肉记》来说，如果在香港演讲，这些词汇就有文化隔阂，听众听起来就没什么感觉。我必须考虑当地化的问题，把这些词改得能用粤语说出来，还能让大家有感同身受的感觉，这样置换之后，听众才能立刻与情境搭上线，产生出相同的共鸣。

故事的说明与解释力量

我有一本关于《赛局理论》（也被称为博弈论）的书，里面从一开始的两个囚徒故事起，一直到结论为止，各种大大小小的故事不计其数。经典的囚徒困境（Prisoner's Dilemma）是这样的，警方逮捕甲、乙两名嫌疑犯，但没有足够证据指控这二人有罪。警方先是分开囚禁嫌疑犯，让他们彼此间互相不能串供，然后分别和两人提供相同的选择条件。

一、如果你愿意认罪并作证指控出另外一位的罪行，只要另外一位保持沉默，你将可以立即获释，沉默者将判监入狱十年；

二、如果另一位跟你都保持沉默，日后只要罪证确凿，两人都要判监入狱半年；

三、如果你跟另外一位互相检举，则两人同样判监入狱两年。

如果你是甲，你会怎么办？从心理学上，这也是一个信任问题，你相信你的伙伴吗？你觉得乙会不会把你的罪行抖出来？毕竟只要对方向警方招供，就可以换得无罪获释！你可以选择信任对方，不过只要对方背叛了你，你至少要吃两年牢饭。你也可以选择不信任对方，这样你有机会获释，至少也不过吃两年牢饭，下场是一样的。现在你已经知道游戏规则，你的选择会是什么？

	甲沉默（信任对方）	甲认罪（不信任对方）
乙沉默（信任对方）	二人同服刑半年	甲立即获释；乙服刑10年
乙认罪（不信任对方）	甲服刑10年；乙实时获释	二人同服刑2年

两位囚徒立即陷入了困境，到底应该选择哪一项策略，才能将自己的刑期缩至最短？就个人理性选择而言，招供出对方所得刑期，总是比沉默要来得低。我们把困境中两位理性囚徒的大脑做一个分析：

● 如果对方沉默（对方选择信任），那么我背叛会让我获释，所以选择背叛是对的。

● 如果对方认罪（对方选择不信任），那么我也要背叛并指控对方，才能得到较低的刑期，所以还是会选择背叛。

明明双方可以选择共同沉默（相互选择信任），以得到群体利益最大化，但是实际上却很难成真。囚徒困境中会假定每个“囚徒”都是利己的，都只寻求自身利益最大化，至于另一位囚徒的利益，并非自己应该考虑。

《赛局理论》之所以能成书，就足以让人知道故事并非如此单纯。如果甲、乙之间可以对话，而非分开囚禁呢？甲、乙坚持不肯说，共同选择沉默而赢得对方的信任，身为警方的你，要怎样才能诱使歹徒现形、逼他们狗咬狗呢？如果审判与告白是有次数的，双方又会如何处理？

互信的关系并非牢不可破，尽管表面上甲、乙在一开始选择了沉默，因此赢得对方的信任，但是也可能事后马上翻供指控对方。对背叛者来说，奖品将是立即获释，这实在太诱人了，至于对方将来服刑十年还是三百年都跟自己没有关系。所以有人可能先坚持不说，骗得对方坚持不说，自己再来一记回马枪！

另一种可能比较有趣，我们给双方十次的机会自白，状况又会如何？显然一开始如果我的策略是我指控对方、对方也指控我，那么双双都会被判两年。但是两位囚徒如果想利用前述策略，就会出现以下的状况：从第一次到第九次双方都保持沉默，以希望蒙骗对方，建立某种互信关系。接着在第十次时，希望对方继续保持沉默，而自己却暗地里指控对方。这种利己策略是符合人性的，但是最终的结果都导致两人都要服刑两年。

这是一个用很经典的故事来处理“高深理论”的例子。基于经济学中所谓“理性经济人”的假设前提下，两位囚犯为了符合自己最大利益将选择招供，所以对双方都有利的“不招供、仅判半年”的状况就不会出现。事实上，当两人都选择招供、背叛对方因此被判两年的状况被叫做是“纳许均衡（Nash equilibrium）”，理论贡献者之一的约翰·福布斯·纳许（John Forbes Nash Jr.）因为这项理论，在1994年获得诺贝尔经济学奖。

故事有投射的功能，并且具备深层的说明与解释力量，只要善用故事，就能化繁为简，将艰深的理论变成平实的故事，让平凡的一般社会大众也能接受。在这样的过程里，只要慎选投射、比喻的目标，你将事半功倍。我们常会听到“你这个比喻很恰当”这样的话，因为你所举的例子，刚好与现实相符。诀窍没什么，找到问题与投射物间的共同点（像是赛局理论用囚徒当范例），你就会轻松得多。

故事的影响力量

在我开设的创意课程里，编故事、找到故事切入点、说故事是三种不同的训练。关于编故事、找到故事切入点前面多少都提到了一些，掌握几个重要元素，难度应该都不高。说故事是比较难的地方，当有人准备了一个好故事，但是却在说的时候给搞砸了，这岂不是功亏一篑了。

为了不让这样的憾事发生，我建议读者可以用以下的方式练习说故事，这五个方法并没有前后次序，也不会有练习终止的一天。想说好故事，就得天天收集信息、时时勤练习。

◎ 找朋友练习

当你刚听来了一个故事，趁着记忆犹新的时候，立刻对朋友展开练习。因为和朋友交谈没什么压力，所以就算遗忘一部分也不要紧，就算对方笑你也还可以承受。在练习过程中，一方面训练你的记忆力，更重要的是练习如何把故事的梗概讲得精彩、漂亮。我每次讲完演讲或故事，都会问朋友想法是什么，觉得哪里最吸引对方、哪里应该改善，刚开始朋友都不太愿意搭理我，也不太想讲真话，怕我因此生气。但当了解我是想要自我磨炼、精进后，就非常热心地提醒我演讲时内容、声调、语气等方面可以改善的地方，这些毛病可都是让自己进步的重要。我们公司营运总监王平娟小姐经常给我当头棒喝式的建议，不但能够重点抓出我的毛病，还会给我很棒的建议。她认为我讲话的语气太温和了，于是她对我举例王介安老师的名言："我是用生命在演讲！"以鼓励我语气可以更用力一点。像这样肯诚心提出建议的朋友，十个都不嫌多啊。

◎ 用亲身真实案例

讲别人的故事总是有那么点不真切，毕竟自己没有亲自体验过，讲起来气都泄了七分。可是如果讲自己的亲身经历，那就大大不同了。参与过会了解每一段细节，不但在讲的时候有身临其境之感，而且能在精彩的地方卖个关子，吊足大家胃口。拿我自身的经验作为例子，每当有人想讲恐怖故事的时候，我只要搬出自己参与1998年华航大园空难救灾的事情，大概没几个人能说得比我恐怖。当时机上182名乘客、14位机组人员全部罹难，当时正在附近服义务兵役的我被派去支援，清理现场期间发生不知道多少灵异事件，每一件都非常恐怖。尽管我就在现场，但是我必须坦承许多故事根本是道听途说，搞不好还是有人刻意杜撰的，只因为我当时就在现场救灾，光靠这点就有说服力了。

◎ 挑选好故事

严长寿先生说："说故事的先决条件一定要自己先感

动，有所启发，才能感动其他人。”如果自己都感动不了自己，那么仅是照本宣科地讲故事，也肯定无法感动任何一个人。不过感动的故事不好找，找到了又怕没有机会用上，就把故事忘得一干二净。因此我用昵名开了一个私人博客当做故事基地，只要找到好故事就会往那里放。这有很多好处，当我想找故事时，用搜索引擎也能很快找到（放在自己计算机里其实不一定可靠），而且当我出差在外的时候，也能轻松读到这些故事，真的很方便。

◎ 时机、时间、时候要对

很多人都认为，要把握时间把想说的话都说出来，其实大可不必。每一次的交谈中，倾听才是最重要的任务，其次才是说出自己的想法。如果说，对方正在讲得很开心，看来还有更多想法要说，我会建议闭上嘴，因为倾听就是最好的做法。

但是大多数场合，对方可能会问你“那你怎么想？”这时候也不要怕发挥，前面段落大家说了什么，后面你又想要达到什么目的，这中间的衔接就变得很重要。好的时机有几个特征，大家是开心的、期待的，总希望你能带给大家独特的见解与想法，这时候你可以静下心来，构思一下要用什么方法说服大家。讲故事就会是一种轻松的方式，讲故事经常能让一件事成功却不落痕迹，有了好的故事当帮手，对整个交谈肯定有加分效果。

◎ 录音矫正

要练习讲故事的人，随身都应该带录音笔。早期我还不知道自己有口头禅，而且每句话结束后会不自觉地说出“厚”这样的尾助词，有一次，我受到朋友前IIC康佛伦斯总经理张骑群先生的邀约，出席一场客户关系的演讲，会后他致赠所有演讲者的是自己的演讲光盘。当我回家看了DVD之后大为吃惊，没想到我说话时都有这样不好的习惯！于是每次我都带个录音笔，在演讲中把自己的演讲录下来，供自己回家自我校正之用。如果你想要精益求精、追求更高的完美境界，你就不会允许自己犯错，也一定会在自己的录音里挑出许多毛病的。听的时候，准备一张纸，把不好的关键词写出来，练习避免这些不好的用词，反复练习几次，这样很快就能改正自己的诸多缺点。

写下你的大创意：

____

____

____

____

____

____

____

____

____

____

第十二章

行动　Action

据说人年纪越大，知识经验越丰富，但这是一则谎言。不管是经验或知识，如果无法加以活用，就完全没有意义。如果是让自己变得狭隘的经验，倒不如越少越好。

——久石让

爱不能单独存在，它的本身并无意义。爱必须付诸行动，行动才能使爱发挥功能。

——特蕾莎修女

世界上跑得最快的人，通常指的是奥运会比赛男子100米短跑冠军。根据国际田径总会IAAF（International Association of Athletics Federation）的记录，世界上跑得最快的人前25位名单里，牙买加选手就占了6位，分别是第一名的乌塞恩·博尔特（Usain Bolt）、第三名的阿萨法·鲍威尔（Asafa Powell）、第四名的约翰·布雷克（Yohan Blake）、第五名的纳斯塔·卡特（Nesta Carter）、第七名的史蒂夫·慕林斯（Steve Mullings）以及第二十五名的麦克·法特（Michael Frater）。

牙买加选手在世界男子100米短跑项目的排名与成绩

世界排名名次	最佳成绩（单位：秒）	选手
1	9.58	乌塞恩·博尔特（Usain Bolt）
3	9.72	阿萨法·鲍威尔（Asafa Powell）
4	9.75	约翰·布雷克（Yohan Blake）
5	9.78	纳斯塔·卡特（Nesta Carter）
7	9.80	史蒂夫·慕林斯（Steve Mullings）
25	9.88	麦克·法特（Michael Frater）

在这5位短跑高手中，速度最快的是乌塞恩·博尔特，他创下了100米竟然只跑了9秒58的惊人纪录，这项纪录一直到2012年仍未有人能够打破。在此，我们做一个假设，如果奥运会的男子400米接力赛，请这几位天王级的人物一起轮番上阵，那么会得到什么样破天荒的成绩？各位猜猜看，是比9秒58乘以4更快、一样，还是更慢呢？

照理说，这前四位短跑天王的平均速度一定不如第一名单独跑的速度快才对，但我们就假设是9秒58好了，那么四位接力会得到乘以4，得出约38秒32的成绩，够快了吧！但是各位知道吗，在这么多年来的奥运赛事上，真的有出现过短跑四大天王联手的阵容，第一次是发生在2008年的北京奥运会（2008 Olympics），由博尔特、鲍威尔、卡特和法特合作，成绩是37秒10。第二次是2011年位于韩国大邱的世界田径锦标赛（2011 World Championships），这次是由博尔特、布雷克、卡特和法特出击，又再次刷新世界纪录跑出37秒04的成绩。

牙买加选手在世界男子400米接力赛项目的成绩与参赛者

世界纪录名次	成绩（单位，秒）	代表国家	比赛地点	比赛时间	比赛场合	参加选手
1	37.04	牙买加	韩国大邱	2011-09-04	世界田径锦标赛	博尔特、布雷克、卡特和法特
2	37.10	牙买加	中国北京	2008-08-22	奥运会	博尔特、鲍威尔、卡特和法特
X	38.32	*	我们假设的四大天王比赛			以博尔特的成绩乘以4

为什么四大天王联手，跑400米耗费的时间竟然比100米的4倍还快1秒？团结的威力竟然这么大？

四位牙买加选手们跑出这样的成绩，原因有三。第一，除了第一棒无法助跑外，接下来的每一位跑者都可以短暂助跑，因此有不必从零开始起步的优势。第二，取长补短，每一位把自己最强的地方加以发挥，有耐力的人多跑零点几米，以省去有爆发力的人少跑零点几米，这样又可以省下一点时间，第三，现场默契与练习，包括谁用哪只手与用什么方法交给另一位选手。最终，他们产生了这样的好成绩。

行动刺激

从前我在图文传播系讲课时，曾经在班上做过一项实验，用以研究参与报告的人数与报告质量之间的关系。进行方式很简单，学期内的期中作业或者是期末作业，有一次会是由学生个人进行写作，另一次就是团队进行写作，在不同班级中，团队或是个人写作的次序会有所差异。

个人写作的时候，必须在一个月前要先提出报告主题与想法，交报告截止时间的当天，把完成好的作业以电子邮件的方式寄给我。团队写作的方式则是同学间要先自己约时间讨论，同样必须在一个月前先提出报告主题与想法，然后在规定时间前，同学自己找时间开会讨论，最后将作业以电子邮件寄给我。这两者最大的不同是后者除了要讨论、写作业，还要多交一个分工表，把谁对作业做出了什么实质性的贡献交代清楚。

结果凡是个人独立完成的作品，每件作品的个人色彩浓厚，也让我发现创意与差异化比较大。他们会善用自己手头上的既有资源，精致度与细腻程度比较高。作业产出的形式包含了手工书、影像专辑、创作计划、个人电子书，甚至有位同学还把自己的唱歌音乐录成CD，再自制漂亮的CD封面与内页歌曲清单，乍看之下就像是某歌星要出专辑，这样创意发想与产出真的很棒。

反观团队的报告则统一制式，呈现方式清一色采用书面，报告内容不外乎是某种计划实施方式，然后预估结果或是研究心得等。少部分同学会将作品附上（其实只有一组），但是作品精致度不足，整体来说也没有什么新意。团队的报告虽然附加了“贡献清单”，但是整体来说很难明显看出每个人在这项工作中的显著事迹，“参与讨论”是最多的贡献，动手总是只有少数人，倒是看得出里面谁在力挽狂澜，但有可能是因为不甘心作业被拖垮，所以做的事特别多。

理论上来说，团队力量应该更大，不是吗？其实答案是“不一定”。有时候在某些组合下，团队力量还不如个人力量来得大。回想一下你的工作经验，是不是曾有那种大家虚耗在办公室，一点进展都没有的光景；计划主持人或是项目经理监督不力，每个成员都在虚应故事；项目目标暧昧不明，没有人有勇气出面质疑，反正是花老板的钱，与我何干？这些种种，如同实验中那些学生，缺少自制力与松散的管理，反正做出不好的成绩大家都有份。相对于牙买加的短跑选手来说，这些选手的稳固、健全组织正是获胜的关键。

麦肯锡管理顾问公司的资深顾问，琼·凯森巴克（Jon R.Katzenbach）与道格拉斯·史密斯（Douglas K. Smith）在《团队的智慧》一书中提到，“团队是一小群具互补技巧的人，对共同的目的、绩效目标、做事方法彼此承诺并且相互负责”，在这样的前提下，团体中成员间分享信息并协助彼此完成个别的工作职责，通过彼此协调运作，产生正面协同、互助、加成作用，集合各成员的努力而得到更大的综效。

所以学生们在“彼此承诺并且相互负责”上出了问题。

学生们的社会经验不足，短期内又无法自发地改善自我机制与人员编制，因此变得调度一团乱。相对来说，一人作业有独立的思考与工作方式，不必迁就与妥协，反而更能完成创意作品。

那么要怎么做，才能启动行动？要怎么设计过程，才能激发个人或是团队的行动能力呢？

团队启动行动能力

美国罗彻斯特大学（University of Rochester）的心理学教授爱德华·迪西（Edward L. Deci）与理查德·莱恩（Richard Ryan）共同研究出“自我决定理论（self-determination theory）”或简称之为SDT的模型。这个模型研究人为什么愿意做什么事，动机又是什么，在什么情况下会更愿意或更不愿意，这些研究结论彻底颠覆了许多老旧的激励理论。

早在1969年时还在当研究生的迪西就设计过一种实验，他找来A、B两组大学生，并给他们玩某种积木型的益智游戏，看看学生会花多少时间把积木组好。迪西除了计算时间，也会偷偷观察他们打发中场休息时间的方式，是继续玩积木，还是会翻阅放在研究室内事先放好的杂志。

A、B两组人所有情况都一样，只有一个小小的不同。迪西第一天并没有告诉两组人这个实验会有任何金钱给学生，唯有A组同学在第二天的“工作”时，告诉他们突然经费足够发些车马费，于是这一天发了一些小奖励。到了第三天，A组又没奖金了。

A、B两组的奖励措施

	第一天	第二天	第三天
A组	不知道有奖励，也没有奖励	实验一开始给了奖励一美元	实验一开始就告知今天没有奖励
B组	不知道有奖励，也没有奖励	不知道有奖励，也没有奖励	不知道有奖励，也没有奖励

这个实验的最关键之处，在于迪西偷偷观察他们打发中场休息时间的方式。每次的中场休息时间都是固定8分钟，他发现第一天大家表现都很类似，平均是3.5~4分钟。第二天在告知有奖励的时候，A组便兴致勃勃、跃跃欲试，休息时间也大量投入在继续玩积木上，反观B组没什么变化。但是到了第三天，A组一知道没奖金后，在休息时间的投入平均约少了1分钟，而B组却不降反而上升了一点。给奖金就做，不给就不做，这就是人性。在多数状况下，奖金是一种毒品，如果你想要毁了一个团队的执行力、创意，你只要告诉他们，“事成之后，定有重赏”就够了。

A、B两组利用休息时间投入玩积木的时间（分钟）

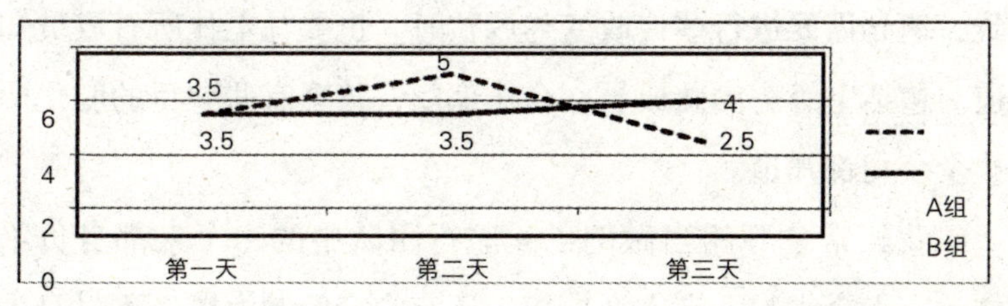

既然如此，我们要怎么样才能让团队动起来？首先，我们应该回到问题的本质，一是团队的建立，二是团队的运作。

团队建立

团队并不是一群人的组合，那种称为“团体（group）”的组织，并非真正的团队（team）。多数公司或企业，误以为挑选几位“精英”或指派几位“资深干部”加入后，“团队”就算成型并开始运作。一个真正的团队，需要一个计划性组织，简单地说，最重要的是要弄清楚团队的使命与目标：到底要完成什么任务，以及什么时候要完成。团队当初成立一定有其原因，如果连成立的目的都模模糊糊，随着时间的更迭，目标会变化、任务会走样，过一阵子后大家都会搞不清楚为什么参加这个项目。

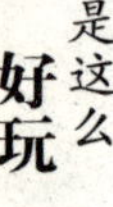

团队的关键在于找到一位领导人，也就是所谓的经营者、专业经理人或者是项目经理。但不管职称为何，身为团队领导人，就是要能不断掌握使命与目标和目前进度是否一致，遇到需要进行些许改变与调整时，也要马上让所有成员知道。包括上级、团队成员、合作部门，甚至有些项目的变化要让全公司都知道。

我经常拿开船当做例子，航行团队中的每个人都身负绝技，有人会掌舵、有人会撑帆，还有人会绘制海图。不过身为船长，最重要的任务就是搞清楚船要开到哪边，这就是使命与目标。如果哪一天，航行的目的地改变了，船长也必须告诉所有人，因为操作这艘船的是全体船员，而不是船长一人。

团队运作

说到团队运作，最成功的几个模型里面绝对少不了的是星巴克。星巴克是少数不打广告的公司，这是真的，你可以发现电视、杂志广告里面都没有他们的踪影。但是，你不觉得奇怪吗？电影、小说、故事、剧本、演讲、茶余饭后的话题中，竟然到处都有这绿色美人鱼的存在（连本书都无法例外）。

星巴克的大老板霍华德·舒尔兹（Howard Schultz）有感于自己童年时期，身为劳工的父亲生病受伤却无力支付医疗保险，他希望员工能够不再发生这样的遗憾。因此尽管董事会建议以分红取代医疗保险，舒尔兹仍力排众议，说服董事会提供兼职员工医疗保险福利。另外，星巴克也大方给予员工股票选择权，称之为“豆股票”（bean stock），让员工成为真正的合伙人。按照星巴克的说法，“员工合伙人”制度让员工流动率降低到仅为同业平均流动率的1/3。

星巴克虽然不打一般我们所熟悉的广告牌，但却投注大量心血在广告上！他的广告手法非常奇特，舒尔兹和他的团队们有系统地将所有员工培育成星巴克咖啡大使、代言人、头号粉丝、星巴克迷的决心。于是，全球数以万计的大使们在门市（或是小区型服务）像是传染病（运用咖啡这病媒，啊！虽然这“病”不是负面的用法，但实在找不到更贴切的形容了）大量培植更多的粉丝，结果就连消费者都帮他们四处推销，免费成为星巴克代言人。

在这方面苹果计算机也有异曲同工之妙，身为苹果的员工，薪水和待遇倒是其次，重点是“你爱不爱苹果？”重点是“我在苹果上班，那你呢？”

每位到“苹果”上班的新员工，在第一天上班时都会收到一张卡片，上面写着：

这是一份工作，也是你人生的挑战。

这份工作将让你留下自己的足迹，来这里工作是因为你不想妥协，它值得你牺牲周末。在苹果，你就是那样工作的。大家加入不是找乐子和安全感，大家来这里是追求冒险并获得最后成功。

每一个人都希望通过工作成就些什么，那些够伟大、在别处不会发生的事。

欢迎来到苹果①

发现了吗？这些公司用“企业规则”与“身为员工应有的责任”作为营运原则。“企业规则”是靠团队成员不断适应市场趋势演化、精心研制、一体适用、赏罚分明的标准，无论企业身处什么样的环境，都应当守住这些原则。“身为员工应有的责任”比现金奖励更重要，人没有钱还可以继续赚，可是

① There’s work and there’s your life’s work. The kind of work that has your fingerprints all over it. The kind of work that you’d never compromise on. That you’d sacrifice a weekend for. You can do that kind of work at Apple. People don’t come here to play it safe. They come here to swim in the deep end.They want their work to add up to something. Something big. Something that couldn’t happen anywhere else. Welcome to Apple.

奋斗没有了目标就像行尸走肉。企业领导人要（必须）给员工一个梦想，这个梦想要务实，只要努力加把劲就“几乎”可以达到。接着，大家就为实现这个梦而不断前进。

这个模式的运用，对富含创意的团队很重要。创意如何被激发，单纯靠金钱是会让人钝化、无感、市侩的。创意的价值不该用钱来衡量，创意的过程不该用钱去激励；创意本身无价，也不该用有价的东西去奖励。但是请读者别误会，这并不是说创意就该苦哈哈，或是创意者就像马一样去追着一根绑在前面的胡萝卜，恰巧相反，无论做什么，企业都应该有明确的奖励措施。只不过，“企业规则”与“身为员工应有的责任”是共生的、缺一不可，规则制定前要想清楚、想仔细，不能时赏时不赏，时罚时不罚，有钱才做没钱拉倒，这样很快就什么都不剩下了。

我将“创意管理”放在创意课程中，运用的方法与目标就是制作虚拟的“企业规则”与拟定“身为员工应有的责任”。每位参加分组创意课的学员，首先会按照一定程序，组织一家属于自己的公司，然后遴选出团队的总经理、营销总监、技术总监、财务总监、客服总监等职位。有些学员在自己公司原本可能是专员，有些人可能已经当上经理，但在课堂上突然被委以重任，当然会感到轻飘飘的，或者表情突然庄重起来，这些都是正常现象。接着，随着活动进行（可能是玩具设计、戏剧表演、项目任务等），在我已经拟定好的企业规划中，只要符合某种项目，就能得到大小不一的奖励。奖励是一些虚拟货币，货真价实的“无价”之宝，等到课堂结束，这些荣耀则会被换成掌声。

学员们在课堂上，被设定的目标是与其他虚拟公司竞争，但是在潜意识里，我要他们想出一些自身虚拟公司核心价值、愿景以及营运目标。有人说，想成为全球最重要的创意提供者，有人则是希望提供最完整的医学美容技术，还有人的公司，希望可以为全人类找到幸福。不管他们最后的产品是什么，我知道这些“愿景”才是真正驱动他们行动的燃料。

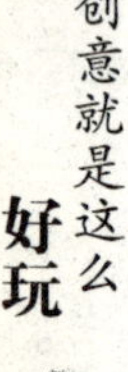

个人运作

创意产业跟其他产业不太一样的地方是获利模式（business model），他们需要更多的点子与实践性，才能有更多机会把生意接到手。与其他产业相比，参与文化创意产业或是创意产业的工作者，员工人数少或分工细致是一大特色，员工专长分散更是普遍现象。由于创意任务多元，工作的属性又偏向开发、研究这一类，不断发展新产品、改善服务、创新想法等都变成工作常态。跟早期传统产业开发一个模具便可以用好久的时代相比，创意产业对商品的更新频率要快许多，更何况现在哪还有把模具开发出来就可以不必管的好事呢？

创意产业的产品开发特性是一开始不知道最终结局是什么，总是要一步一步往结局方向前进，等到拨云见日的那一刻，才会明白全貌是什么。像是设计房屋、建设网站、规划品牌、安排营销、工业设计、商品设计、包装规划、整合营销、剧本写作、音乐、雕塑、绘画、写作、电影、广播、软件、娱乐等。如果要把分工考虑进去（事实也是这样，每一件事都需要细致分工），那么就会有很多人同时在一开始摸索，直到完成为止。以我参与过的茶馆的规划为例子，从无到有的过程分工非常细致，过程则不断分分合合。比如一开始先寻求定位，大家发散思考、收敛、再发散、收敛，最后终于找出了一些线索。接着通过市场调查与研究确认后，下一步就开始找对应的地点与期望的空间规划。发散式地找了很多地方，许多都是美中不足有所缺憾，但也有一些比我们想象更好，比如找一个一、二楼再加上地下室都可以利用的空间，比原先的一楼饮茶、厨房在后的规划要棒。这时候，一方面谈租金，一方面又要重新设计方案。说起来简单，光是来来回回沟通硬件，就花了好长的时间，这才进入到下一个阶段。

分工是特色，独立运作是常态，对于人手较少的创意者来说，又该如何行动？比如单一部门的唯一工作者，又或者自己就是老板兼撞钟、工友的个人工作室。又好比惊奇四超人般的梦幻团队，每一位同事的功能都不一样，所以平常都在各做各的，经常处于每人独自运作。这时候又要如何激励自己，让自己顺利完成创作呢？

在日本东芝（TOSHIBA）计算机部门上班的沟口哲也（Tetsuya Mizoguchi）常到美国出差，1983年他率领团队到美国考察时，他脑海中首次出现便携式计算机的构想。那时候个人计算机还不普及，就算是桌面计算机，也是几个人共享一台的情况比较多。与工作狂画上等号的日本人很爱把工作带回家，如果回到家中还要跟子女共享计算机，那么光是要争计算

机使用权，并且要把家中计算机回归到与办公室相似的软件环境。这两点光是想就很头痛，便携式计算机的发明在当时可以说是顺理成章。

但是无论沟口如何争取，东芝高层都婉拒沟口的研发提案。计算机部门总经理古贺正一（Masaichi Koga）非常赞同沟口的想法，他向高层表示拒绝的理由如果是本部资金不够，可以动用自己部门的经费，而部门该做到的业绩一毛都不会少，但这一想法仍旧被高层否决。沟口无可奈何之下，只好私自挪用一笔军方研究的资金，把这个计划转发到离总公司较远的澳美工厂（Ome）执行，成了名副其实的地下组织。沟口运用这笔资金私自调派了10位工程师投入计划，但是研发过程并不顺利，毕竟要把所有零件放进4.1kg容量的塑料盒内，有很多东西都必须要舍弃。伦斯勒理工学院[①]的皮耶·阿贝提（Pier Abetti）教授在《东芝膝上计算机与笔记本电脑的诞生与成长：个案研究关于日本企业的冒险》[②]有一段生动的描述：

某个星期五下午，工程师们感到精疲力竭，他们再也无法从拥挤不堪的笔记本电脑原型内，找出更多空间放置其他硬件。只见沟口把笔记本电脑外盖拆开，接着往里面倒了一杯水（这样也破坏了所有电路），然后把原型机倒置着放。几滴水从缝细中流出，沟口说："看，这不是还有空间嘛！多动点脑筋吧。"

---

① 伦斯勒理工学院（Rensselaer Polytechnic Institute）位于美国纽约，是美国最早的理工科大学。

② 该论文正式名称是Abetti, P.A. 1997 The birth and growth of Toshiba's laptop and notebook computers: a case study in Japanese corporate venturing, Journal of Business Venturing, 12, 6, 507-529.

经过24个月的努力，世界上第一台笔记本电脑终于诞生了。这一台代号TOSHIBA T1100的计算机CPU只有4.77MHz（我现在用的手机CPU比它快380倍），使用MS-DOS 2.11操作系统，在当时没有任何便携式机器比它更先进。但是当1985年4月沟口得意地在东芝总部展示时，这项成果不但没有被认可，更被高层要求只能在帮人代工的OEM市场销售。

一个偶然的机会，这些原型机被东芝欧洲部副总裁西田厚聪发现，他对沟口的计算机部门表示，“只要给我7台样机到欧洲巡回展示，我承诺第一年就卖掉1万台”。透过西田厚聪的异业结盟，一方面说服莲花公司放弃5寸软盘，改采用这台笔记本电脑才有的3.5寸软盘当标准规格；一方面与IBM进行渠道合作代销，终于在14个月后缔造销售1万台笔记本电脑的纪录。谁也没料到，当初这一台在总公司被人人嫌弃的发明，竟然会以每台超过5000美元的高价，席卷了整个西方世界。到1988年，东芝笔记本电脑在欧洲市场占有率达到38%，在美国，每5台笔记本电脑就有1台是东芝生产的，获利超过几十亿美元。一年后，尽管竞争者展开绝地大反攻，但东芝在日本的市场占有率已经达46%，几乎是每2台笔记本电脑里就有1台贴的是东芝商标。

沟口的做法对不对？有一派学者认为，违反制度是最不可行的，私自挪用资源更是违反道德、商道、规矩、法律的事情，如果成功也就算了，失败了怎么办？这些赔掉的钱该由谁来负责？企业又如何跟股东交代这些损失？这一派学者把违规视为洪水猛兽，如果不按照规矩，公司又如何管理？跟倒闭相比，少赚点钱又如何？所以沟口的做法是错的。

另一派学者的说法则刚好相反。创新的目的，就是在于打破现状，如果不让同仁在有条件的范围内冲撞，那么公司竞争力将会衰退，结果是加速公司老化，最终还是会被竞争者消灭。因此公司应该多设立有机会打破规章的游戏规则，鼓励员工多想一点，甚至想超过目前工作范围的事，让同仁勇于挑战自我并努力创新。所以他们赞同沟口的行为，而且还给了个挺相称的绰号：“创新匪类”。

除了上述两种对立的说法之外，或许我们可以按第三种角度来看，沟口为什么要这样做？如果是前面第一种说法，身为员工只要顾及股东权益，我只要做老板要我做的事，反正薪水、工作合同不就是这样写的？这意味着公司自己要觉醒、开明、灵活，也鼓励企业要把创意这一条写进规章中。第二种则是老板要我多想一点，因此我的薪水包含要多做创新的事，甚至工作合同不包含的事，同仁也还要帮忙发想等，这是老板该做的事吧？而且如果人人都这样胡搞，但是又没有沟口的远见与运气，老板一定很伤脑筋吧！如果大家都觉得自己的创意很好、发明很棒，但每个人都挪用公司项目资金偷偷发展，那么正事谁来做呢？

过与不及都不好，我觉得沟口在争取做笔记本电脑的时候，他想的或许是第三点：我要做我自己相信的事，也就是“为自己工作”。如果我们是“为自己工作”，那么你将多了第三项选择。为自己工作不是不管别人，也不是独善其身，更不是自私自利。为自己工作是指在工作前，先想想自己要成为什么样的工作者，应该用什么样的态度。工作中，以立志培养自己的专业为主，遇到问题每一次都能事先沟通，并且以公司利益为前提，进行自己的各种尝试。如果要行动，那一定是根据自己所设定的态度、沟通结果、公司利益、个人专业为考虑后的判断。“为自己工作”包含三种正面积极的做法。

握有自己抉择的选择权

我遇到过很多年轻人，他们在生命中不断被动地接受各种安排。包括大学的学校科系选择；进入社会的工作由家人帮忙挑选；进了公司，由老板代为安排职务；做事的时候，上级帮你安排细节。在别人眼中，总是等着被动安排做些什么事，说得难听一点，这种人就像棋子一样，被人摆放在对方期望的位置上。很难让人相信，这样的人会突然有一天因为基因突变、或是脑神经错乱立刻变得有创意。创意思考靠的是过程与努力，而不是天下无端掉下的天赋礼物。大多数人或许不同意自己是棋子，并会争辩说明很多事情都是自我选择的啊！确实如此，但这只是程度的差异而已。很多人有选择但是没目的，有小步伐却没有大方向，不能说是有选择权，而只是在随波逐流每天上班，只不过想快点把事做完后马上下班，却很少思考上班要做什么，做了之后会怎么样等问题，而只会提出我又不是主管，想这么多干什么？这不关我的事，想这么多能起什么作用吗？

的确，可能真的不能怎么样，但是这样做至少能让人掌握自己的人生。选择权是一种独立思考加上执行力的体现，选择权是你知道、了解后，经过大脑判断再去做。在接受工作前，由于这是自己选择的结果，所以必然知道自己要在这份工作里得到些什么、获得些什么。工作时，由于你比老板想得更多，也能建议并且主导应该做什么。当出现问题时，你能用自己的能力判断，做出最有益处的决定。如果有一天，你能想的比主管想得还多、还周全，那么恭喜你，你就快要升官了。

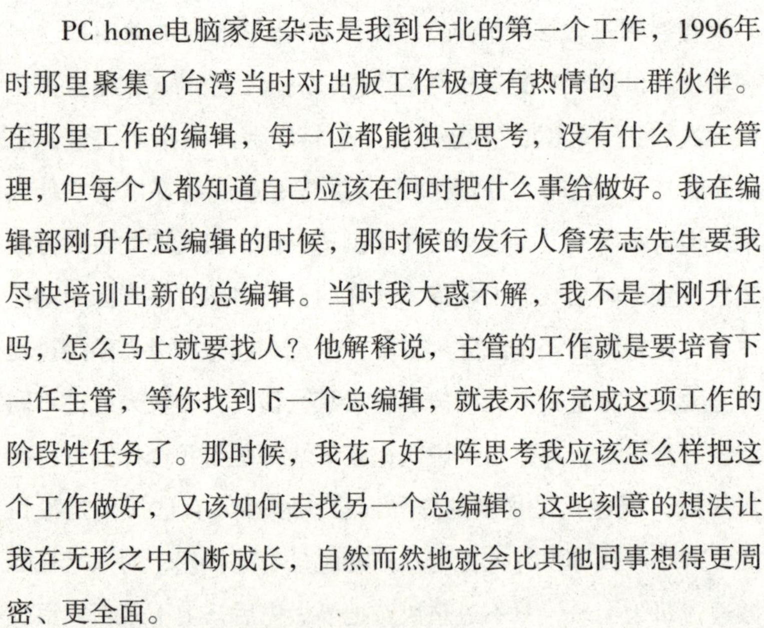

PC home电脑家庭杂志是我到台北的第一个工作，1996年时那里聚集了台湾当时对出版工作极度有热情的一群伙伴。在那里工作的编辑，每一位都能独立思考，没有什么人在管理，但每个人都知道自己应该在何时把什么事给做好。我在编辑部刚升任总编辑的时候，那时候的发行人詹宏志先生要我尽快培训出新的总编辑。当时我大惑不解，我不是才刚升任吗，怎么马上就要找人？他解释说，主管的工作就是要培育下一任主管，等你找到下一个总编辑，就表示你完成这项工作的阶段性任务了。那时候，我花了好一阵思考我应该怎么样把这个工作做好，又该如何去找另一个总编辑。这些刻意的想法让我在无形之中不断成长，自然而然地就会比其他同事想得更周密、更全面。

你可以设想自己是一个什么样的人，并且用实际作为、行动表现出自我期望的样貌。比如，你可以设定自己是有创意、有想法、主动积极、不被困难难倒的人。接着，把这些特色落实到生活中，让自己活得像设想中的人。有创意的人，不甘于现状，尤其是明明有解决方案的地方，不动手改变根本就会让人“技痒”，那就动手改吧！主动积极的人，观察到有机会就去争取，那就去做吧！反正人生不过几十载，总不能等到七八十岁时再来感叹吧。心想事成，慢慢地跟着自己的设想去做，你会发现你慢慢地就变成那样的人了。请记得，要把自己变成玩家，而不是当个被指挥的棋子。

追求专业

请拿一张白纸（右上角写个A吧），在上面写下自己的能力或技巧，如果你写的事项与工作有关，我们可以概称之为职能（competence），职能通常指的是工作项目、工作需求以及职位对应的能力。如果写下的跟目前工作没有直接关系也可以，请尽量把它们都写在纸上。

接着，请自己判断，如果某一个项目你比同事做得都好，那么在旁边用红笔写下3；如果一样好，就写个2；如果较差，就写个1。

薛良凯的自我体检表（范例）

演讲 3 教育训练 3 创意发想 3 绘画 3 弹钢琴 1 慢跑 1 坐在办公室里不动 1 说古埃及文 3 说英文 2	A

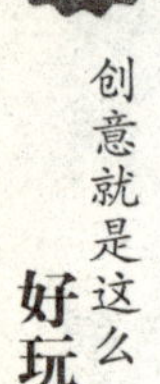

请再拿出另一张纸（一样在右上角写个B），仔细思考一下，什么技能或技巧是你所需要的，包括现在、未来工作所需，或是你觉得虽然跟工作无关，但是会对你很有帮助的能力；当然，这也包括你想要有但是现在未必有的。想好之后，请尽量把它们都写在纸上。

接着，请自己判断，什么是你目前最急迫需要的能力，什么是最重要的能力。如果某一个项目属于非常关键的等级，有了这项能力会让你变成炙手可热的人物，请用蓝笔写下3；如果是属于进阶等级，学会后能让你工作如鱼得水，那么就写个2；如果是属于必要、标准配备等级，那就写个1。

薛良凯的自我体检表（范例）

演讲 3 教育训练 3 创意发想 3 说英文 3	B

最后，我们可以比较一下A与B两张纸，如果雷同的项目多（当然，每个人都可以随时增补和修改这两张表），表示你现在会的与应该会的很接近（不然就是你年纪很大，一切都固定化了）。接着你在大数字的项目是不是都能相互对应在一起，如果能对应，就表示你在该项具备专业能力。这种强过别人的优势，你应该继续保持下去；相反地，有些应该要有但是却还没有补足的，就要找机会去充电、强化。这些是对自我能力的简单盘点，每隔一段时间诚实地进行盘点并了解自己的水平很重要，因为工作忙起来的时候很容易产生盲点，会忽略自己能力上的缺陷与不足，这种工具正是让你定期反思和审视自己用的。

了解自己的能力，专业养成就容易多了。专业养成不外乎对于本行（或者是你想学的目标）再深入学习，包括产业分析、专家访谈、阅读等，一旦你往里面用心钻研，就会让自己的能力越来越强。专业并没有所谓的极限，专业是一种相对性存在，只要你比别人用心多，自然比别人更“专业”。

在涉足文创仿制文物商品前，我对瓷器一知半解，为了补充这方面知识的不足，我选择了从宋朝瓷器开始研究。宋代的五大名窑各有特色，天青色的汝窑，常发生窑变的钧窑，里外施釉的官窑，白色的定窑，布满裂纹的哥窑。接着，翻阅网络上对考古、拍卖、制造、仿造、变造的一些看法，包括许多专家或网友的独到见解，最后参考大量图书典籍，并到台北故宫博物院去现场观察真品。我相信任何人照着这样去做，都会比一般人专业很多。为求谨慎，你还可以更专业一点，因为在研究的过程中，总是会出现一些让你变得更专业的线索。比如很多瓷器介绍里面都会提到一本叫做《长物志》的书。这本书的作者是文震亨，生于明万历十三年（1585），是明代大书画家文征明的曾孙。文震亨家里很有钱，物质环境非常优越，而他自己不但遗传了祖父的诗文绘画能力，园林设计更是人中翘楚。他编著的《长物志》共有十二卷，其中有一段对哥窑的描述，他认为哥窑瓷“以粉青色为上，淡白次之，油灰最下。纹取冰裂、鳝血、铁足为上，梅花片、墨纹次之，细碎纹最下”。如果你为了研究，买了这本复刻版的《长物志》（目前只有重庆出版社出版），卷七器具篇会让你大开眼界。里面除了瓷器，还包括香炉、香盒、隔火、匙箸、箸瓶、袖炉、手炉、香筒、笔格、笔床、笔屏、笔筒、笔船、笔洗、笔觇、水中丞、水注、糊斗、蜡斗、镇纸、压尺、秘阁、贝光、裁刀、剪刀、书灯、灯、镜、钩、束腰、禅灯、香橼盘、如意、拂尘、钱、瓢、钵、花瓶、钟磬、杖、坐墩、坐团、数珠、番经、扇、扇坠、枕、簟、琴、琴台、研、笔、墨、纸、剑、印章、文具、梳具、总论铜玉雕刻窑器，这些章节介绍读完后你可能真就变成半个文物专家了。

超越自我

很多人都听过盖·赖利伯（Guy Laliberte）的故事，他曾经当过手风琴艺人、踩过高跷，也担任过吞火魔术师，但是关于他让人最耳熟能详的故事，应该是他和丹尼尔·高迪耶（Daniel Gauthier）在1984年所创办的太阳马戏团（Cirque Soleil）。这个最早由加拿大魁北克蒙特利尔（Montreal）一群街头演艺家组成的马戏团，现在已经网罗了来自超过40个国家的近4000名员工。每天在各大洲都有表演，观众累计即将到达1亿人。

在太阳马戏团成立之前，全球马戏业霸主一直都是玲玲马戏团（Ringling Bros. and Barnum & Bailey Circus）。玲玲马戏团创造了许多业界标准，例如豢养动物、雇用各种因身体残疾或突变的演员，但是表演者采用聘任制度，表演完后自由决定是否续约。太阳马戏团很不一样，他们不豢养动物，而是雇用专业体操选手，经常推出新剧本与制作专业戏服。结果在不到20年的时间，他们就超越玲玲马戏团经营了100多年才达到的水平，营业额突破1年200亿台币。

根据金伟灿（W. Chan Kim）和芮妮·莫伯尼（Renee Mauborgne）所写的《蓝海策略（Blue Ocean Strategy）》一书分析，经营者不应该把竞争当作标杆，而是要超越竞争，开创自己的蓝海商机。书中认为太阳马戏团是在跟自己竞争，不断在超越自己，是希望走出一条与任何人都不一样的路。

超越自我不是名词，而是动词。孔子的弟子曾参被后人尊称为曾子，他曾说过："我每天会再三反省自己，替人工作是否忠诚？有没有对朋友不守信的地方？老师教的有没有练习？[①]"这就是一种自发性的鞭策动力，希望自己今天比昨

① 曾子曰："吾日三省吾身：为人谋而不忠乎？与朋友交而不信乎？传不习乎？"

天好，而到了明天，一定要超越自己。超越自我是一种简单而又容易办到的事，多读一本书、多看一个故事、多吸收一种知识、多完成一个作品，或者是如我一位朋友Mr.6（这是他的网络笔名）立志每天不管多累，早上起床后一定要写一篇博客文章。停在原点是没有用的，你必须要走出去。更何况现代知识不断推陈出新，闭门还能造车的时代早在50年前就已经过去了。

超越自我并非难事，行动是最直接的方式，除了动眼、动脑、动口，更重要的是动手，光用想的计划是不可能有成功的一天。不要总是把自己与其他人相比，先超越自己就是大赢家。1966年，星巴克资深营销副总裁史考特·贝德立（Scott Bedbury）接受《财星》杂志采访曾说："如果我们是可口可乐，那根本不存在百事可乐。"希望大家也能说出这样的豪气："我，就是办得到！"

课后演练

演练一

请读者在阅读完本章后进行本项练习，首先以"你想要变成的人"作为目标设定，接着进行前述的"自我体检表"进行自我盘点。如同我们每年固定去身体健康检查一样，建议每半年要"自我体检"一次"已有的能力"与"需要的能力"。

写下你的演练日期与心得：

____

____

____

____

演练二

关于团队的行动能力指标有很多种，根据这些指标，就可以检测自己的团队效能高低。在下面的清单中，如果你的团队符合项目的题目描述，就请在对应的空格里打钩。

项目	题目描述	完全符合	有点符合	不太符合
1	开放、开明的沟通方式，人人畅所欲言			
2	具有能力与技术性的竞争优势			
3	狂热分子般的工作动力，加班还很快乐			
4	明确的角色与任务分配			
5	团队中拥有各种才华与人格特色的成员			
6	可以任意分享领导权，并非一言堂			
7	成就是可以分享的			
8	彼此具有承诺与专注，说到做到			
9	目标非常明确，而且人人都清楚、了解			
10	彼此都能倾听，还能相互安慰、打气			
11	每一位成员的参与度高			
12	经常有非正式的气氛，一点都不严肃			
13	规则清楚，大家进行君子之争			
14	每一件事都具备高度共识			

计分方式：完全符合请给3分，有点符合请给1分，不太符合给0分。

说明：30分以上表示团队效率极高，只要稍微调整即可；16~29分是属于团队正常运作状态，但仍有改善空间；15分以下表示团队运作糟透了，这样的团队，需要彻头彻尾地大改造才行。

写下你的大创意：

第十三章

文化　Culture

创造是跳脱已经建立的模式，用不同方式看事情[①]。

——爱德华·德·波诺（Edward de Bono）

当你创新时，你得有每个人说你疯了的心理准备[②]。

——拉里·埃利森（Larry Ellison）

① 原文是 Creativity involves breaking out of established patterns in order to look at things in a different way.

② 原文是 When you innovate, you've got to be prepared for everyone telling you you're nuts.

法国学者也是心理学家的波诺举过这样的一个例子：

一位五岁的小男孩和他的朋友们在玩游戏，这群朋友中有一位张开两只手，让小男孩从两枚硬币里选一枚带走。其中一枚是看起来比较大的“一元”硬币，另一枚是较小的“两元”硬币。

小男孩想了一想，伸手选了前者。可想而知，这举动引来全场哄堂大笑，朋友都笑他笨到家了，还经常用同样的方式戏弄他。小男孩却始终学不会个中道理，总是拿那个较大的一元硬币。

一位好心的大人实在看不下去了，他把小男孩拉到一边告诉他：“你傻啦！虽然看起来那枚两元硬币比较小，但难道你不知道两元比较值钱吗？”小男孩听完后有礼貌地说：“我知道啊，但如果我选了两元那枚，他们还会经常让我选吗？”

乍看之下，文化就像愚蠢的人一样总是选那个蠢方法，事实上，它一点都不蠢，蠢的反而是我们这些看不懂门道的人。文化势必历经一段较长时间才能养成，经过各种考验与淬炼形成的文化，总是有它存在的道理。或许你一时看不明白个中原委，但是背后的原因一定会让你佩服。

在本章中我不想对文化做太多解释，但是我可以谈谈我想象中的应用在生活、创意、文化创意产业上的文化具备什么样的特征，而这些又是如何被应用在商业上。至于文化要怎么被创意者找到，或者是说我要如何选择对我有利的文化元素，这些问题我们留在最后面。

文化的精神

一群人持续一种习惯、一种方式、一种态度，久而久之就会形成一种文化。文化并不复杂，但是由于它是群体间互动的产物，所以要深入了解一项文化，最好的方式就是跟这一群人吃喝玩乐生活在一起，从生活中去体验这群人的行为、思维模式、生活态度等，这种深入敌营的做法也称之为“融入”。

一种文化很难简单用几句话描述，越是悠久、深层的文化，背后牵连的行为模式就越广。我研究古埃及文已经很多年了，到现在也只是小学生的程度。从最早学习誊写古埃及象形文字，认识每个单字的字面意义，到现在能读懂整句、整篇文字，都需要很大量的阅读，包括要看完许多古代时期埃及的背景知识。翻译一段文章，不仅是字面上这么简单，经常要考虑诸神在古埃及的角色，宗教、法老与祭司的阶级关系，以及每一个习俗与节庆之间的关联。古埃及文 音标是〔*prt-hrw*〕是一个复合字，当它们组合在一起的时候，是“朗诵献祭”的意思，但是这个字里面夹杂了四个符号，〔*prt*〕代表向前进、〔*prt-*〕代表声音、〔*t*〕是面包的意思、〔*hnkt*〕则代表啤酒。当有人问我这句话要怎么翻译时，我会拆开来逐一讲解，等到对方完全了解了这四个字，才能继续描述为什么要这样组合，组合起来又为什么代表“朗诵”与“献祭”的意思，及这个复合字又代表哪两种双重意义在里面。我相信学习任何一种文字，如果不熟悉背后的历史与文化，那么学到的将会是最肤浅和表面的意义。然而当你融会贯通后会惊觉，其实要在两种语言间完全翻译真的是太难了。

中文改简体字灰尘的“尘”字，与宋体中文“塵”形体差异很大，它的上半部“鹿”被改成了“小”：“尘”。小土为尘，这其实挺有道理的。我很佩服当年化繁为简的专家们，又要取其音，要固其形，还不能损其义，真的很不简单；不过这样的跳跃式简化法，虽然方便，却在某方面伤害了文化的延续性。在篆书里面，“尘”这个字比现在还要复杂，上方是三头鹿中，下面是一个土。在《说文解字》里的解释，“尘”这个字是“鹿行扬土也。从麤从土”。意思是说一个猎人打猎，不小心惊动了鹿群，引起一阵漫天黄沙，那个状态就是尘。当他变成“小土”之后，原先文化层面的意义尽失，只为了简化而简化，是没有办法说服大部分的文化人。为了去除文盲而主张简化汉字，理由是简化才能便利书写，那么简化成只有二十六个字母的英文不是更简单吗？

对非母语的初学者来说，学古埃及文难、学习中文也难，因为这两种文字包含非常深厚的文化因素在里面，不是仅仅学好字面意义就能理解全貌。文化本身就像是深不见底的一口井，你用杓从往井里舀水，是怎么舀也舀不完的。

一部分人认为文化就是完全复古、一点也不得妥协，其实事实证明并非如此。文化的精神是演化，而非永不改变；是不断创造，而非守旧。有一个实例是1949—1970年在台湾形成的眷村文化。所谓眷村，是指1949年后，国民党军队从中国大陆败退陆续撤守台湾，这些外省籍军民眷属所住的临时居所，就被称之为眷村——这个临时又封闭的“集合住宅”单位里，创造出许多文学、戏剧、表演、饮食文化、生活方式、种族认同、社会政治等特有文化。很多人认为眷村文化会随着近十年间的眷村改建成现代小区而消失，其实就如同它是临时集结式的产物一样，它所酝酿的种子，却开枝散叶在台湾各个角落。眷村记忆占了台湾那个年龄段25%的人口数量，数量非常庞大。因此团体虽然看起来散了，人群却把这股文化继续带往其他领域，又跟其他文化融合产生新的文化。比如台湾特有的牛肉面，据说就是高雄冈山区眷村某位退役四川籍军人把牛肉混合面条的产物，一传十十传百，现在全台湾到处都有牛肉面店，只不过从何处发迹已经不可考①。至于连四川都没有的地道四川牛肉面，也可能是同一个时间从冈山辣豆瓣酱开始，经过口耳相传的方式在短时间内红遍全台湾。

台湾的棒球文化也很特别，根据维基百科的说法，它还间接催生了24小时“永和豆浆”的发明。在1968年以前，台湾对世界棒球比赛还很陌生，顶多只有县运动会、区运动会的小规模比赛，当时全台湾最厉害的少年棒球队，是由台东县延平乡红叶村的红叶“国小”所成立的红叶棒球队。就在这一年，刚获世界冠军的日本和歌山少棒队来台湾参加友谊赛，没

① 此处引自逯耀东1999年2月15日《中国时报》37版的一篇“再论牛肉面”，文中提到“将牛肉与面条合成的牛肉面，却创于台湾。牛肉面冠以川味，但四川却不兴此面”以及“冈山空军眷属多来自成都，所以，冈山辣豆瓣酱在此出产。最初的冈山辣豆瓣酱，以蚕豆瓣和辣椒制成，有几分似郫县的豆瓣酱。台湾的川菜兴起后，多用冈山辣豆瓣酱烹调。不过，现的冈山辣豆瓣酱已本地化，偏甜已不似四川味了。冈山既有豆瓣酱，且多四川同乡聚集，就地取材，制成红汤牛肉加面的川味牛肉面，也是很可能的”。

想到一战竟然败给了默默无闻的台湾红叶队。对当时物质环境、文明条件都相对落后的我们来说，能打赢日本似可是了不得的大事，这一下子引爆了全台湾人对棒球的兴趣。

1969年起，台湾开始参加在美国威廉波特举办的世界少棒大赛。第一年由台中市金龙队组成的少棒代表队出战（这也是已经退休的台湾棒球老将郭源治的首次国际比赛），并且一举获得第23届世界少年棒球锦标赛冠军。获胜之后全岛疯狂，每次只要碰上球赛，许多人就算是要熬夜、或者睡一半爬起来牺牲睡眠看电视实况转播都在所不惜。当时收视率常胜军除了港剧《楚留香》，就属扬名国际的棒球赛（说来，港剧应该也算是台湾特色文化）。实况转播必须要迁就中、美两地时差，往往看完比赛，台湾这边天也快亮了，当时最早开门迎接球友的早餐店就是永和豆浆。才不过几年间的变化，原本是看完棒球比赛再去吃永和豆浆，有的店于是干脆改成24小时营业，有些是中午到下午不营业，而是从黄昏一直开到中午，深入人心的永和豆浆就是这么来的。

文化会不停改变、不断演进，在不同的时代背景下，文化是有其特殊意义的。要掌握文化，就得要全身心浸淫其中。最能把文化诠释清楚的人，通常是在里面打滚最深的人。

用文化搞创意要注意对象是谁

创意不一定需要文化这项因素，但是加了文化会多了很多趣味。文化的深厚基底，是允许一些变调、幽默、玩笑跟诙谐的，如果创意者了解文化的“笑点”在哪里，那么基于文化的创意会获得更多共鸣。

由于文化形成的时间、空间、活动、群体差异等因素，交错切割成许多维度的区块，这造就出多层面的文化种类。我喜欢把它们比喻成频道，就像电视台一个一个选台频道，每个频道有特别的观众。有一些频道“适合全家人欣赏”，意味着这种文化几乎在每一个人身上都有共同记忆。也可能是该文化的渲染力很强，即使是第一次欣赏、接触，也能马上接纳成为自己的一部分，例如新闻台、气象预报、连续剧、偶像剧、科学新知或是旅游探险频道，观众几乎是随时都能进入状态。有一些频道比较冷僻，内容针对少数特定人口，若不是该频道的对象，不但会觉得有进入门槛，而且进入了也是保持在状态外，例如京剧、布袋戏、豫剧、皮影戏、歌仔戏、宗教频道等。

频道如果有比较强的时间、地域因素在里面，隔阂与排他性也会比较大。因为这些因时间、区域差异而产生的记忆，除非亲自体验，否则很难用阅读、欣赏电影的方式去恶补回那些感受。像我小时候在乡下住过一段时间，那时候田里面有水蛇、田蛙、蓝腹鹇、树鹊、珠鸡、野雉，山边有黄鼠狼、飞鼠、野猪，水里面可以摸出巴掌大的蛤、溪鱼哥、苦花（后两者是鱼的名称），树上有独角仙、锹形虫、天牛、蝉。每天在田里不是摘水果、烤地瓜，就是池里钓鱼、游泳。除非同样经历过抓蝉、刚学游泳喝到一些河水、掏蜂窝被蜜蜂追、在田里考东西吃时因为火太大而烧到头发等，不然通过各种方法都难以让另一个没有亲身体验过的人理解这些事。

一次朋友聚会，大家在鼓噪某甲的年龄，我告诉现场其他的人，三句话就可以知道他的年龄。我问他，有没有看过一个节目叫做“田边俱乐部”？他说没有。那好，他肯定是1970年以后出生的。我又问他，有没有看过一部卡通片叫“无敌铁金刚”？他说当然看过。那么他应该是60后最迟是“1975年之间的。最后一题，看过“天蚕变”吗？他说有，在那之后还有“天蚕再变”呢！照这样回答来看（再配上他的服装与容貌），他十有八九是1970年的。果然，猜中了！但这并不是算命或是变魔术，而是因为根据我所提出的问题而推论出来的，这些问题就是基于文化层面产生的，读者不妨参考一下下页表格所列出的代表节目与事件，说不定还有更多可以补充进去的材料呢！

在台湾地区根据出生年份与该年龄区间的生活背景整理

出生年代	代表电视节目	代表事件
20世纪50年代	晶晶、寒流、海棠血泪、太空飞鼠、雷鸟神机队、包青天、保镖、田边俱乐部、唱歌擂台、傅培梅时间、圣剑千秋、欢乐家园、灵犬莱西、锦绣年华、我爱周末、群星会、杨丽花和叶青的歌仔戏、星星知我心	救国团、虎啸战斗营、中美合作面粉袋内裤、八七水灾、中横通车、亚洲铁人杨传广拿到罗马奥运十项运动亚军（台湾拿到奥运奖牌第一人）、为了防治沙眼，学校老师要帮小朋友点眼药、黄梅剧电影《梁山伯与祝英台》暴红、美琪香皂、去电影院看台语电影、开学要绣学号、中国小姐、在校不能讲闽南语、喇叭裤、联考、当兵外岛很危险、约会要去冰果室（或是被抓去冰果室当电灯泡）
20世纪60年代	小甜甜、恐龙救生队、战火孤雏、苦儿流浪记、小妇人、太空飞鼠、雷鸟神机队、大力水手、包青天、保镖、北海小英雄、天眼、一道彩虹、五灯奖、楚留香、云州大儒侠史艳文、杨丽花和叶青的歌仔戏、星星知我心、傅培梅时间、中视剧场之花系列、大家一起来、潘迎紫演的连续剧、大学城、我爱红娘、来电五十、天眼、我爱彩虹、天天开心、琼瑶小说改编连续剧“刘雪华+秦汉版”	四月四日儿童节（台湾习俗）会收到健素糖当礼物、远足要带乖乖、要买防痨票、一二三自由日要听谷正纲讲话、救国团纵走跟单车都很夯、笔友（爱情青红灯与姊妹杂志）、电视周刊、民歌、小YG、红叶少棒队、野百合运动、李小龙、琼瑶小说改编电影大红、家庭代工、诸葛四郎漫画、绣学号、中国小姐、光华商场、学校不能说台语、联考、联谊一定会玩抽钥匙、露天电影、弹珠汽水、约会要去冰果室
20世纪70年代	小甜甜、科学小飞侠、旋风小飞侠、海王子、太空突击队、霹雳猫、小蜜蜂、小英的故事、无敌铁金刚、星星王子、咪咪流浪记、绿野仙踪、汤姆历险记、淘气阿丹、救难小英雄、恐龙救生队、龙龙与忠狗、蓝色小精灵、大力水手、包青天、天眼、五灯奖、新五灯奖、百战天龙、天龙特攻队、清秀佳人、杨丽花和叶青的歌仔戏、星星知我心、中视剧场之花系列、大家一起来、连环泡、潘迎紫演的连续剧、天天开心、神力超人、神力女超人、霹雳游侠、百战百胜	要买防痨票、救国团活动必唱萍聚、小YG、王子面、抽糖果、手持式黑白游戏机、大型机台的格斗游戏（快打旋风、沙罗曼蛇）、家庭代工、听广播学英语、绣学号、小虎队、草蜢、林志颖、郭富城、光华商场、僵尸片大红、在学校看大屏幕电影（英烈千秋类的）、联考、联谊一定会玩抽钥匙这招、玩PTT、冰宫、MTV（一种包厢式的电影院）、前段班还玩笔友后段班已经是网友

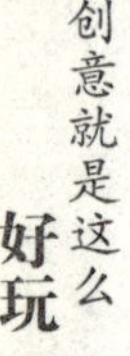

在中国大陆根据出生年份与该年龄区间的生活背景整理

出生年代	代表广播剧、电影与电视节目	代表事件
20世纪50年代	突破乌江、伏击战、看不见的战线、广播剧暗礁、盘石湾	防空洞、张瑜和郭凯敏、广播剧、维生素粒和塔糖、知心姐姐、大寨、草原英雄小姐妹、学写大字报、露天电影、雷锋、知识青年、工厂学校演出样板戏、耳朵天天都听见毛主席、穿补丁衣服、小人书、小喇叭、老三篇与老三届、胡松华、小虎队、知道老山前线和猫耳洞
20世纪60年代	看不见的战线、难忘战斗、卖花姑娘、南征北战、今天我休息、闪闪红星、平原游击队、我们村的年轻人、大李老李和小李、南江村的妇女、野火春风斗古城、大工匠、青年鲁班、护士日记、江姐、海霞、地道战、看不见的战线	露天电影、雷锋、播“拱子”、文艺小组、农场劳动、知识青年、炸米炮、磨剪子、第二次握手、桐柏英雄、打靶歌、火红的青春红似火、延安颂、我爱北京天安门、螺丝帽、两只鸡、火车向着韶山跑、小汽车、真是乐死人、葵花朵朵向太阳、北京颂、我爱五指山、我爱万泉河、走向打靶场、沙石峪、草原英雄小姐妹、延边道情、金珠玛米到我家、开始流行电唱机
20世纪70年代	一休、小肥兔、花仙子、蓝精灵、非凡的公主、希瑞、变形金刚、铁臂阿童木、咪咪流浪记、麦克瑞一号、黑猫警长、葫芦兄弟、恐龙特急克塞号、圣斗士星矢	舞厅、迪斯科、冰棍、老鼠屎、泡泡糖、无花果、雷锋、烤红薯、勺货、棉花糖、爆米花、搅糖稀、果丹皮、酸梅粉、汽车变多了、出现电话、电视开始变彩色

在香港特区根据出生年份与该年龄区间的生活背景整理

出生年代	代表演员、媒体或影视节目	代表事件
20世纪50年代	李丽华、林黛、郑佩佩、何莉莉、夏梦、石慧、陈思思、陈宝珠、倩女幽魂、禁婚记、孽海花、绝代佳人、欢喜冤家、故园春梦、投奔怒海、似水流年、江山美人、梁山伯与祝英台、倩女幽魂、杨贵妃、武则天、三看御妹刘金定、金枝玉叶	内地移民、剪线头、穿胶花、黏胶鞋、四小龙、启德机场、狮子山隧道、香港小巴、第一届香港节、明报周刊、乐富戏院、皇都戏院、财叔、神笔、神犬、王泽的老夫子、宋三郎的傻侦探、司徒庸的傻大姐，路上新面孔很多，印象里充满难民
20世纪60年代	陈宝珠、萧芳芳、冯宝宝、徐克、余允抗及方育平欢乐今宵、佳艺电视、丽的电视、无线电视、唐山大兄、精武门、半斤八两	千祈咪落伍、超级机器人、黑豹传奇、银河烈风、地铁通车、绿水英雄、柔道小金刚、原子小金刚、青春火花、超人，许多东西都改成公制
20世纪70年代	李小龙、成龙、许冠杰、双星报喜、许冠文、许冠英、许冠杰、关锦鹏、严浩、王家卫、王晶、甘国亮、杜琪峰、杨凡、徐克、尔冬升、陈果、梁立人、刘伟强、张艾嘉、章国明、黄百鸣、冼杞然、吴宇森、许鞍华、唐季礼、张婉婷、罗启锐、岑建勋、张之亮、方育平、陈可辛、张国荣、梅艳芳、陈百强、张学友、林忆莲、醉拳、鬼马双星、半斤八两、龙争虎斗、狼狈为奸、泥孩儿、大家乐、半斤八两、廉政风暴、巴士奇遇结良缘、三级片	黄日华、苗侨伟、汤镇业、刘德华、梁朝伟是当时五虎将。地铁通车、马荣成、黄玉郎、红磡香港体育馆、荔园既、百丽殿、宋城、叮叮船、骑木马、子弹火车、儿童乐园、飞行棋、苹果棋、大富翁，不断流传香港前途问题

文化、创意请齐步走

时间、空间、活动、群体差异等这些潜在的隔阂暗示我们，利用文化做创意前，必须要先找出文化的适合对象。像举办全国巡回演唱会，绝对是用文化进行创意的方式之一。有的唱片公司是用改装大货车，把车子弄成像是变形金刚那样能伸缩的组合，每次演唱会前先把巡回车开到广场一隅，接着车壳向四周缓慢张开，变成一个超大的舞台。舞台灯光七彩夺目，背景是超现代的LED加上LCD屏幕，简直就是酷毙了！这些方式在技术上、形式上、设计上、视觉感受与体验上每一项都可能是创意的表现。接下来，我们不妨做一个乱七八糟完全虚拟的假设：现在有一个非常超现代的舞台布景，8盏1000瓦灯与6颗18寸的喇叭分挂两边，就好像玛丹娜娜姐还是女神卡卡也用过的类似规格。你幻想着在MTV频道看到几个长腿辣妹再搭配舞群的演出，对即将出场的表演充满期待……但是，突然从舞台上闪出的是4位老人家唱摆夷山歌，或是一个五音不全穿着高中制服辣妹唱的四郎探母？是不是感觉很不搭呢？这就是创意走得太前面了，文化却没跟上脚步的例子。

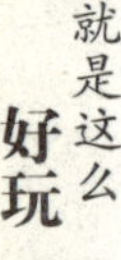

文化搭配创意也好，创意配合文化也罢，对象一定要相符，如果对象不符，肯定会发生对牛弹琴的现象。但山不转路转，文化的特性就是变！穷则变，变则通，创意者总是能找到可行之路。某些时候，原汁原味确实会不太容易运用，而且原汁是给原来那一批对象喝的；换了对象，原汁不能这样不经处理就端上桌。

我教图像思考学快7年了，自认什么对象都能教，这引来同事们的挑战；不久前我接下了一个小学高年级班的课。我在其中选了两个故事当做教材，这两个故事在前面章节中都有提到过，1782年乔瑟·蒙哥费尔和弟弟做出了第一个载人热气球。第二个故事则是《三杯茶》[①]，我浓缩了里面葛瑞格·摩顿森（Greg Mortenson）的故事，简单地从葛瑞格迷路、村庄收

---

①《三杯茶》一书的原名是Three Cups of Tea.

留、发愿建校、回国募款、用教育改变巴基斯坦与阿富汗的小朋友。同样的教材，我也用来教上班族、大学生、高中生。只不过对小学生来说，进行的步调会变慢、词汇也要挑简单的用。而且在小学上课时，人名都被我修改了，乔瑟·蒙哥费尔我称他为J先生（他的法文原名是Joseph-Michel Montgolfier）；而葛瑞格·摩顿森则被我大幅简化，课堂上我都叫他葛先生。小朋友不喜欢严肃、上课超过30分钟会不耐烦、不安，接着是开始聒噪，所以教学时经常还要装可爱，不停地在白板上画出长像搞笑的Q版人偶图像。另外，小朋友的频道是“学很痛苦、玩很快乐”，所以从头到尾，必须将课程弄得很像玩游戏但又不能high过头。要诀是，要跟什么频道的人打交道，自己也要调成接近的频道。

文化有脉络、文化是一种根

要让人感动，文化故事是很棒的题材。本土的故事，反映着这块土地上人们的真实生活。奠基于文化的故事必定具有高度感染力，因为它的DNA跟我们一样，所以接收者会在无形之中接纳它，甚至乐于免费帮这个故事传播。依据故事发源流传的时间新旧程度，众人对它的标准不尽相同。对于古老的故事，听者不太会在意成分是事实或是传说，有时就算加上一点怪诞、神话在里面，我们也能心平气和地接受。像吴刚伐桂、嫦娥奔月、后羿射日、投汨罗江的屈原、孔明的天灯、养蚕的嫘祖、牛郎织女等传说，不是正为生活带来一点超写实梦幻或是凄美浪漫吗？

如果是现代的故事，那么真实性关乎的是信任，除了迭戈·阿曼多·马拉多纳（Diego Armando Maradona）在1986年世界杯足球赛“不小心”以手拨球得分，辩称那是“上帝之手”进球却没什么人抗议外，现代人应该不会随便相信神话会发生。现代人更希望听到的是本土的、货真价实的、脚踏实地的故事，而且所有元素都必须在可理解范围内。如果要让人感动或是佩服，那么这个故事还要加上一个重要因素：一般人做不到，但是只要努力，人人都有机会做到。

2010年冬天，我和朋友成立了社团法人台湾社会向上发展协会[①]，这是一个以优化生活、扬善社会为主要使命的非营利机构。这个组织给我最大的震撼，是2010—2011年间的一个“寻找一百个改变台湾的人”项目计划。

在计划中，我们自己先以媒体工具或介绍方式，寻找相关的事证报道，挑选出约150位对象。这些对象符合两个特质，第一是他们的品格[②]不能有瑕疵，能够担当众人的表率；第二是对于周遭的影响力够大、曾帮助够多的人。一开始有很多符合这样条件的人入选，但是最后我们决定，只挑选素人而不挑选名人。所谓素人，就是非专业、属于业余的意思。这100多位入选者，部分是在我更早的计划中就接触过他们，无论是品格或是影响力，我恰巧都有第一手数据。

接着我们招募高中生与大学生志愿者，通过台北科技大

① 更多的信息在官方网站上www.codeup.org.tw可以找到。

② 这里定义的品格显然跟许多教育单位不太一样，我们的品格是道德上的、是表彰出社会正义的，而非学业、学历。

学吴可久老师的协助找到了场地，在进行一段时间的写作、拍摄培训后，让他们在名单中挑选采访对象，自己联络并约时间访问。采访的结果，写成专访并出版成书，拍摄的影片也剪接好后上传到Youtube。随着新书的出版，我们请故事主角到校园巡回演讲，“现身说法”是我们给这活动定好的目的。但受限于募款经费，我们只能从台湾挑选几所学校进行巡回演讲。

在29位采访者、3位主要干部、无数志愿者的奔走与努力下，这套书如期出版，每一本有8~9位素人英雄的故事。其中一本《改变台湾的人物故事：我们希望》中80后主角余浩玮的故事，王玠文同学是这样描写的：

余浩玮所举办的“花漾戏剧节”是全台湾规模最大、历史最悠久、最多团队来参与的青少年戏剧节。不只在台湾，去年余浩玮也将戏剧节推向国际，和马来西亚当地的剧团交流。在台湾，艺术领域所分配到的资源其实不太足够，尤其是当中的青少年戏剧领域。

很多人认为为何要花钱去看青少年演出呢，花同样的钱，许多人宁愿观赏儿童戏剧或是已成熟的剧团演出。这就好比今天同样要买演唱会门票，观赏五月天的人一定多于观赏阳明高中热音社的人。然而，我们忽略了这些厉害的巨星或前辈，也不是一开始就有如此傲人成就的，成名之前，他们也是经过许多的磨炼和引导，靠着许多人给予的支持和栽培，才得以今日站在巨星的位置上。

戏剧节创办的目的就是提供青少年一个成长的窗口，青少年所要做的不只是完成演出，而是通过呈现完美演出的目标，得到课本和教室所无法学习到的生命体验。

余浩玮认为“花漾戏剧节”是一个很好玩、很酷、很热血的活动，不只参与者会被自己的热血和毅力感动，很多观众在看完之后也深深被震撼，并感到佩服。观众原本并未预期由高中生所演出的舞台剧可以让他们这么动容，让他们看得一起大哭大笑。虽然这群学生没有深刻的人生体悟或社会经验，也没有很出色的演出技巧，然而，当他们站在舞上，呈现出的是一股赤诚和最真挚的情感。感情就是这些年轻演出者最大的卖点。

整个过程中最令人动容的是，这些人拥有的不多，但他们倾其全力；这些人的限制条件很多，但是当找到热情的所在，就激发出他们义无反顾、绝不后退的精神。

余浩玮认为人生很多时候，特别是当我们离开学校之后，容易因为社会价值观的包袱与旁人的期待，难以完成一件我们真正想完成的事。如果能克服这层困难，所得到甜美的果实是一辈子可以回味的。

虽然初见余浩玮时被他那痞子样如“黑道大哥”般的气势吓到，但在深谈之后，又被他散发出对理想和戏剧的热情感动。虽然他的言谈间有时仍散发出一点玩世不恭的个性，然而在这满不在乎的外表下，是一颗勇往直前的心与永不放弃的热血精神。他的热情深深地感染了共事的每一个人，虽然剧团的收入少、工时长，但秉持着不服输的“傻瓜精神”，余浩玮用行动证明热血不只是年轻人的事，更是一辈子的执着。

年轻人的写作角度十分写实，当我第一次读到“黑道大哥”四个字差点喷饭。心想，没错啊，我所认识的浩玮“外表”就是这样，不过“痞子样”下的内心可是热情如海贼王呢！

这是一个很长远的计划，如果经费许可，我们当然希望继续办下去。整个计划过程中，至少有四种人被影响了。第一种受影响的是前往访问的同学，他们所访问的故事主角，用实际行动告诉采访者做什么，为什么要这样做，还有这些是怎么做到的，这些影响比看书、听演讲要实际多了；第二种是看这本书的读者，当一个故事是由作者亲身体验完成时，通过作者的眼睛，我们能更真实地贴近这些平民英雄；第三种是学生的家长以及老师，他们会发现除了升学，还有好多条路可以走；第四种则是社会大众。电视上、报纸上或许天天都是膻腥色、打架杀人放火、富二代与贵妇、辣妹，但那并不是我们大多数人的人生。协会想传达一种理念，社会上有许多默默奉献的人，他们才配称得上是英雄。套句王浩一在该书中序文写的“给出很多的人，往往都不是拥有最多的人”。

你很难想象本土文化（或是说草根文化）的影响力量有多大。当我在校园巡回演讲这些故事时，现场几百个学生们想知道为什么这些人做到了，他们又是如何做到的。一旁听演讲的老师也很激动，他们觉得终于有故事可以来教学生了，这些素人英雄正是学生们最好的典范。演讲完回到家，当天晚上我总是能收到很多感谢信，学生们在信中告诉我“我想走出自己的路！”还有什么比这更令人开心的呢？

哪里找文化来搞创意

跟“我思故我在”道理一样，只要你不是独活，就一定跟某种文化有关。大多数人只是弄不清楚文化的定义，把文化看得过于狭隘，最后钻来钻去自己就卡在一个小洞里面。前面提到过，文化是一群人持续一种习惯、一种方式、一种态度，久而久之就会变成一种文化。这里列举几种富含商机的文化，有些你可能想都没想过，有些你可能会惊呼“这也算！”但是你不能不承认，这些都是文化，也都是商机。

按照生活习惯分：搭公交车文化、脚踏车文化、烧烤文化、鸡排文化、宵夜文化、泡茶文化、背包客文化、开车文化、养猫文化、吃素文化、宗教文化、逛街文化、城市文化、乡村文化等。

按照族群分：各省特有文化、异国文化、留学生文化、海归派文化、新移民文化、上班族文化、歌唱文化、国企文化、外商文化、台商文化、公交车司机文化、出租车文化、老师文化、公务员文化、部队文化、学生文化、土著文化、外来务工者文化、京城文化、单身文化、妻管严文化、浪漫小说文化等。

按照一天时间分：晨跑文化、赶车文化、熬夜文化、外食文化、午睡文化、电视文化、煮饭文化、快餐文化、浴室文化、客厅文化等。

按照历史分：“60后”、“70后”、“80后”、“90后”、“00后”、前清文化、民国文化、抗战文化、革命文化、抗美援朝文化、笔友文化、知青文化、计算机文化、手机文化、电子邮件文化、电视儿童文化、钥匙儿童文化、补习文化、歌唱比赛文化、旗袍服饰文化、哈韩文化、哈日文化、苹果文化等。

按照需求分：妈妈文化、补习文化、学习文化、业务文化、网购文化、阅读文化、饮食文化、电视购物文化、娱乐文化、影视文化、双休日文化等。

有人说，创意的厉害，就是在不凡中寻找价值。文化的置入，在于找到文化的精髓突破点，然后大搞创意。像是有一家多意田公司开发的“设计小人”系列，或是点头娃娃（利用光能电池让小玩偶不断地点头微笑）、光合物语小盆栽（叶子一开一阖）等，看准的就是上班族空虚又需要抚慰的心灵，这一类玩偶又称之为“疗愈系玩具”。据我一位客服同事的说法，“你不觉得这摇头娃娃一直在说‘你的苦我懂，我懂，我真的懂’吗？”我想告诉她，真的，我懂。

选择对我有利的文化元素

请记得，一定要“站在巨人的肩膀上看世界”。弱者利用文化做创意，是借力使力；强者利用创意搞文化，是引领风潮、创造趋势。不过后者不是每一个人随便能办到，更何况，这要耗费许多资源，风险也比较大。

运用文化的前提，是你的手段与目的必须要跟文化的原目标一致。比如你希望用环保议题替企业寻找下一个时代的新机会、新活力，那么你就必须做出环保，用行为证明你愿意环保，而非口号，否则你的“背信”将换来致命的伤害。最近的例子是台湾知名品牌Lativ推出低价国民服饰，他们刚起步时宣

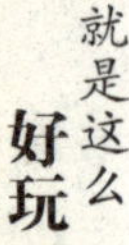

称要照顾台湾成衣业，在几年的耕耘之下，2012年初打出了发出40个年终奖金给员工的新闻，一时羡煞所有上班族，但却在过完年不久发出声明，因为更改代工Lativ宣称“从 2010 年开始，lativ 不得不将台湾厂商无法负荷的订单，逐步转往越南、印度尼西亚、中国大陆等地”，而减少了原本由台湾成衣厂制造的数量，商品页面上也不再将衣服的原产地标示出来[①]，并提出了“如果您非‘台湾制造’不买，我们诚恳地建议，请您确认后再下单，因为台湾已经没有这样的生产环境”。这样的说法，立刻换来网民极大的反对与拒买行动，业绩在短时间内受了严重打击。这也提醒所有的企业与营销人员，如果真要把文化放在创意里，你一定要非常诚实，过度营销、言过其实，都会引发可怕的反效果。

文化是很好的创意来源，但它是属于暧暧内含光[②]那一型，先是慢慢发光，一旦成功就会像长高的大树一样。要如何妥善运用文化进行创意性工作，我会建议找跟你工作具备方向一致性的文化因素最好。如果你没有找到，并不表示它不存在，可能是你的角度错了也说不定，要继续找下去一定是能够找到的。

台湾农夫王顺瑜多年前在日月潭附近买下一块农地，目

---

① 2012年2月13日，Lativ向会员发出声明：“产地的标示我们也决定从善如流，下周起陆续恢复标示”相关新闻数据源：Lativ官方会员EDM：
http://www.lativ.com.tw/EDM/edm20120213
全球之声：
http://zh.globalvoicesonline.org/hant/2012/02/03/12514/
商业周刊第1265期：
http://www.businessweekly.com.tw/webarticle.php?id=45841&p=1

② 东汉崔瑗在《座右铭》中提到，“在涅贵不缁，暧暧内含光”。意思是说，人处在污秽的环境中，贵在不被污秽；光芒内敛追求自我内在充实，而不求表面虚浮的荣禄。

的除了推广有机耕作，也想一并保护和繁育台湾特有的水社柳。水社柳是台湾特有的水生植物，最早是日本人草野俊助（Shunsuke Kusano[①]）在日月潭水社部落采集发现，所以才称它为水社柳。水社柳生态圈因台湾土地逐渐改成建筑物而萎缩，一度被视为在原育地已经绝种，仅剩宜兰、屏东几处有残存族群，但个体也寥寥可数，看来难逃绝种压力。

王顺瑜的金针花有机田四周，除了其他有机作物外，也种植了许多株他与专家合作复育成功的水社柳。为了维系它的族群，他分赠许多小树苗到其他乡镇去种植，降低了族群灭种的风险。水社柳的复育，连带拉起了金针花、丝瓜、香菇等有机耕作的业绩，连附近农友都跟着受惠。他对土地的贡献，让与他合作的人看到他不凡的远见和执着，合作意愿也跟着提高。有了资金，他投入更多精力在文化教育推广上，结果是种瓜得豆，做公益换得更多的商机。我曾带着全家去到他的有机田，干净的水源让所有蔬果随时可以现摘现吃。这位热情洋溢的朋友，像是随时充满电力的农夫，带我们穿着胶鞋玩了整个水社一圈。他对脚下这块土地有无比的情感与热忱，对我来说，上哪里玩的印象可能会慢慢模糊，但是他说“现在再不保护，将后悔一辈子”，这句话却在我心里久久不能散去。

文化对于创意，就像本章一开始故事中的那个五岁的小男孩，别人看到的，是在两只手中总是拿起“一元”硬币的笨蛋。可是现在我们知道了，他一点都不笨。

---

① 有文献表示译名为Kusanoj。另外，水社柳的学名Salix kusanoi（Hayata）Schneider中，Hayata为命名者早田文藏（Bunzo Hayata）的名字，他是日本籍的植物学家，被尊称为“台湾植物界的奠基之父”。

写下你的大创意：

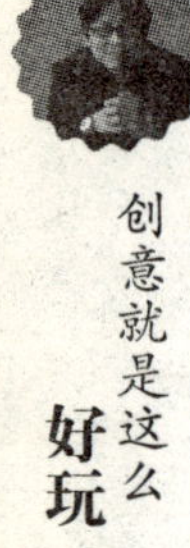